Harald Grundner

Produkte mit PEP
Methoden und Werkzeuge

Bibliografische Information der Deutschen Nationalbibliothek:

Die Deutsche Nationalbibliothek verzeichnet diese Publikation in der Deutschen Nationalbibliografie; detaillierte bibliografische Daten sind im Internet über http://dnb.dnb.de abrufbar.

© 2012 Harald Grundner

Illustration: Harald Grundner

Herstellung und Verlag: BoD – Books on Demand GmbH, Norderstedt

Kleingedrucktes:
Alle Rechte, insbesondere das Recht der Vervielfältigung und Verbreitung sowie der Übersetzung vorbehalten. Kein Teil des Werkes darf in irgend einer Form (durch Fotokopie, Mikrofilm oder ein anderes Verfahren) ohne schriftliche Genehmigung des Verlages reproduziert oder unter Verwendung elektronischer Systeme verarbeitet oder verbreitet werden.

Alle in dieser Veröffentlichung enthaltenen Angaben, Ergebnisse usw. wurden vom Autor nach bestem Wissen erstellt und von unbeteiligten Fachleuten mit größtmöglicher Sorgfalt überprüft. Gleichwohl sind inhaltliche Fehler nicht vollständig auszuschließen. Daher erfolgen alle Angaben ohne jegliche Verpflichtung oder Garantie des Verlages oder des Autors. Sie garantieren oder haften nicht für etwaige inhaltliche Unrichtigkeiten (Produkthaftungsausschluss).

Printed in Germany

ISBN: 978-3-7322-3594-0

Inhaltsverzeichnis

Herausforderungen und Handlungsbedarf — 5

Der Standard Produkt-Entwicklungs-Prozess — 7

Das neue Prozessmodell der **PEP**-$VR^{©}$ — 9

Phasen des **PEP**-$VR^{©}$ und deren Ergebnisse — 15

Methoden im **PEP**-$VR^{©}$ und deren Lokalisierung — 17

Methoden zur Definition von Strategie und Zielen — 19

Methoden zur Entwicklung von Produkten — 35

Methoden zur Auswahl und systematischen Entscheidungsfindung — 57

Methoden zur Absicherung erarbeiteter Ergebnisse — 65

Werkzeuge zur Unterstützung oder Ergänzung der **PEP**-$VR^{©}$ Methoden — 75

Das 360° **PEP**-$VR^{©}$ Dokumentationssystem — 111

Verzeichnis der Abbildungen — 113

Persönliche Referenzen von InnoVAVE-Harald Grundner — 115

Herausforderungen und Handlungsbedarf

Der Anbieter-Markt der 1970 und 1980er Jahre hat sich zum Nachfrager-Markt entwickelt, was steigende Nachfrage nach kundenindividuellen Lösungen bei immer kürzeren Entwicklungszeiten bedeutet. Bisher lokale Unternehmen agieren global in immer rauherem Wettbewerbsumfeld mit sinkenden Produktpreisen und häufig deutlich gestiegenem Entwicklungsaufwand.

Die technologische Spezialisierung bedingt in der Regel die Vernetzung mehrerer Unternehmen um ein Entwicklungsprojekt zu bewältigen.

In einem derartigen Umfeld Produkte und Leistungen zu entwickeln ist spannend und herausfordernd, von der Definition der Anforderungen bis zur Präsentation des Ergebnisses beim Kunden.

Das Werkzeug Projektmanagement hat, um erfolgreich zu sein, folgende Aspekte zu berücksichtigen

- Ein normiertes Prozessgerüst mit aufgabenspezifisch wählbaren Standard-Prozess-Modulen
- Vernetzung von Markt/ Kunden und Projekt und von Entwicklung und Evaluierung
- Nutzen vorhandener Lösungen und Standardisierung
- Befähigen der Mitarbeiter rasch Entscheidungen zu treffen
- Nutzen eines einheitlichen Dokumentationssystems
- Anbieten eines standardisierten Bewertungsmodells um den Prozess zu bewerten und weiter zu entwickeln.

Der Standard Produkt-Entwicklungs-Prozess (PEP)

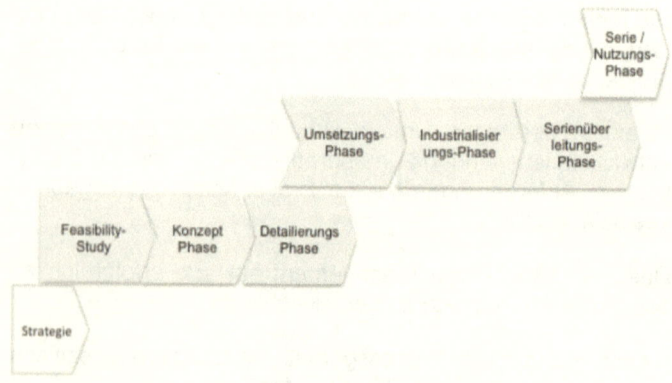

Abbildung 1 Der Standard – PEP (lineares Phasenmodell)

Der Standard Produkt-Entwicklungs-Prozess (PEP)

Der Standard-PEP ist in seiner in vielen Unternehmen angewendeten konsekutiven Form schwerfällig und nicht mehr zeitgemäß.
Er erfüllt die vom Markt an die Unternehmen gestellten Forderungen nach
- Schnelligkeit (Time-to-market)
- Realisierung kundenspezifischer Lösungen (Customizing von Produkten)
- weltweite Vernetzung von Unternehmen zur
  - Generierung (local content) und
  - Vermarktung (think global) von Produkten
- hoher Kosteneffizienz (Wertorientierung)

in zu geringem Maße und berücksichtigt
- Erfahrungswissen
  - intern (Lessons Learned)
  - extern (Gewährleistung, Service)
- erprobte Lösungen (Baukästen, Standards)

in vielen Unternehmen nur eingeschränkt.

Diese Aspekte entscheiden über Bestehen oder Scheitern eines Unternehmens im globalen Wettbewerb.
Zukunftsorientierte Unternehmen mit klarer Erfolgsausrichtung müssen reagieren und ihre Denkweise und den PEP den *neuen* Anforderungen anpassen.

Erfolg in der Zukunft erfordert Handeln – jetzt.

Das neue Prozessmodell
PEP-VR©

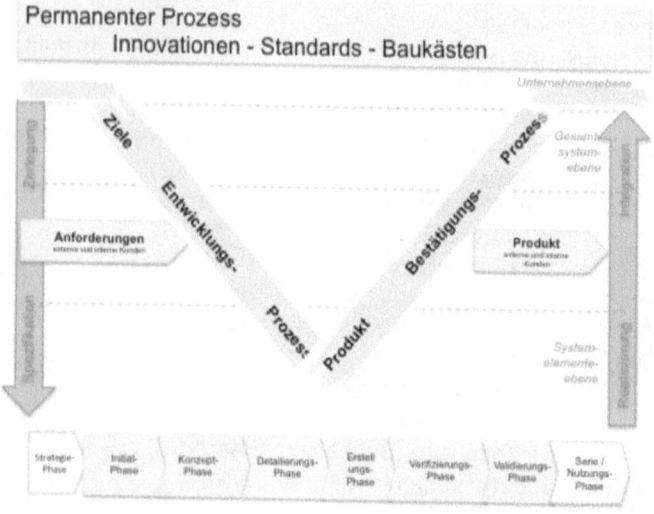

Abbildung 2 Prozessmodell **PEP-VR©** und der Standard PEP

Definition:
Produkt wird im gesamten Text als übergeordneter Begriff für ein materielles Produkt bsph. Fahrzeug oder immaterielles Produkt bsph Dienstleistung verstanden.

Das neue Prozessmodell

Leistungen bsph. Produkte, Dienstleistungen und immer mehr an Bedeutung gewinnende Hybride, die Kombination aus Produkt und produktbegleitenden Dienstleistungen zu entwickeln oder zu optimieren, bedingt im Unternehmen zwei miteinander verzahnte Prozesse zu installieren und zu pflegen.

- **Permanenter Prozess**
  Im *Permanenten Prozess* werden alle extern und intern für die Leistungsentwicklung des Unternehmens benötigten Informationen bsph. Gesetze/-sänderungen, Markt, Kunden, Trends, Innovationen... zentral gesammelt, ausgewertet, bewertet und als *Standard-Ziele/ Anforderungen* für die Verwendung in Projekten festgelegt. Standard-Ziele/ Anforderungen sind bsph. Unternehmens-Selbstverständnis, Umweltkriterien, aber auch Produkt-Eigenschaften,....
  Der *Permanente Prozess* als übergeordneter Prozess ist auch die „Home-Base" der
  - Schnelligkeit fördernden *Baukästen, Standards* für Produkte und Dienstleistungen.
  - kundenspezifischen Lösungen.
  - *Innovationen*, welche Flexibilität und Differenzierung unterstützen.

Periodisch wird, abgestimmt mit der Unternehmensstrategie über die Nutzung des im *Permanenten Prozess* gesammelten Wissens entschieden.
Das Ergebnis dieses Abstimmungs- und Auswahlprozesses sind Projektaufträge mit klaren Vorgaben für
  - Standard Ziele/ Anforderungen und Eigenschaften
  - Anteil an Innovation(-snutzung)
  - Mindestanteil an Standards und Baukästen

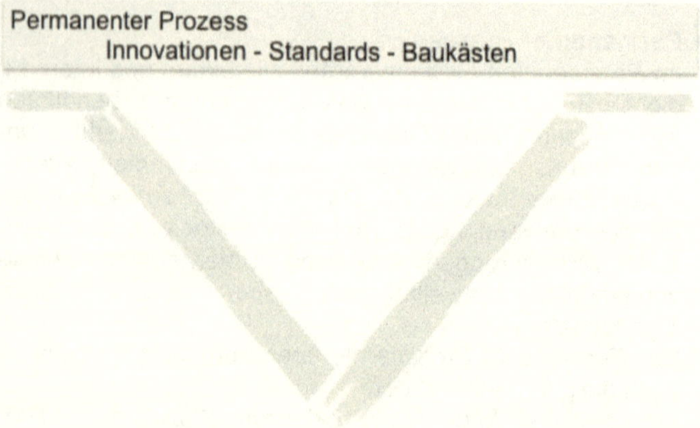

Abbildung 3 Der *Permanente Prozess* – die Projektebasis

- **Produkt-Entwicklungs-Prozess**

  Der durch die Definition eines Projektauftrages angestoßene Produkt-Entwicklungs-Prozess (PEP) ist in zwei Abschnitte mit Entscheidungs- und Vereinbarungs-Punkten gegliedert.

  o *Ziele-Entwicklung-Prozess (ZEP)*
  Anforderungen und daraus abgeleitete *Eigenschaften* werden mit Ideen, Lösungen, Anteilen Innovation und Baukästen kombiniert und als Ziele, den endterminierten Ergebnissen des Projektes, mit allen Beteiligten vereinbart.
  Dies geschieht in Prozessphasen, in welche externe und interne Kunden intensiv eingebunden sind. Simultan zur Fixierung der Ziele werden die Kriterien und Prozesse zur Verifizierung und Validierung der Ziele erarbeitet.

  Das Ergebnis ist die **Vereinbarung Konzept**, das *Lastenheft*. Das Lastenheft ist das Dokument, in dem festgeschrieben ist, WAS erfüllt werden soll und welches von allen Beteiligten durch Unterschrift als verpflichtend vereinbart wird.

  Folgend werden die, zur Erfüllung der Ziele des *Vereinbarten Konzepts* nötigen Detaillösungen erarbeitet. Ein Prozessschritt, der weitgehend unternehmensintern unterstützt durch Konzept- und Serienlieferanten bearbeitet wird.
  Das Ergebnis ist die **Vereinbarung Produkt**, das *Pflichtenheft* mit der Beschreibung: WIE wollen wir die Ziele erfüllen und den Erfüllungsgrad nachweisen. Auch das Pflichtenheft ist ein Dokument, welches von allen Beteiligten durch Unterschrift als verpflichtend vereinbart wird.

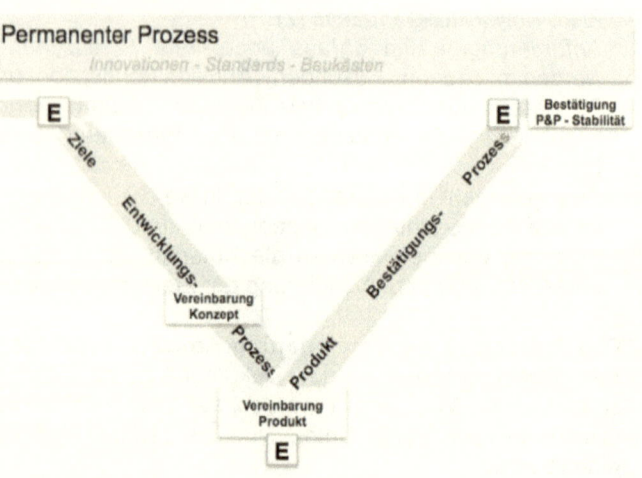

Abbildung 4 Die drei Leit-Prozesse im **PEP**-*VR*©

o *Produkt-Bestätigungs-Prozess (PBP)*

Das im *ZEP* in Einzelteile dekomponierte, spezifizierte und entwickelte/ konstruierte Produkt wird im PBP
- in drei Schritten realisiert und zum Gesamtsystem zusammengefügt.
- an den vereinbarten Kriterien gemessen und die Zieleerfüllung bestätigt.
- das Produkt mit der Freigabe Serie/ Nutzung für den Einsatz im Markt freigegeben.

Das Projekt wird mit **Bestätigung Produkt- und Prozessstabilität** beendet und die Verantwortung für Weiterentwicklung , Optimierung in der Regel an die Umsetzende Unternehmenseinheit mit „Hand-shake" übergeben.

Diese drei übergeordneten Prozesse bilden in ihrer Gesamtheit den

PEP-*VR*©
Produkt-Entstehungs-Prozess –
V-orientiert, *R*essourcenoptimiert

Phasen des **PEP-**$VR^{©}$ und deren Ergebnisse

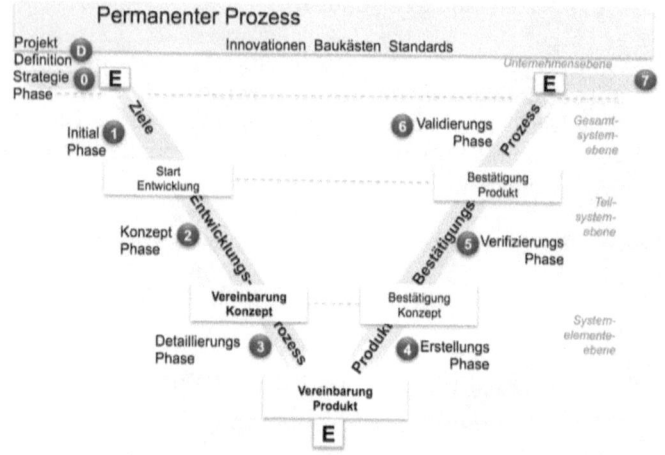

Abbildung 5 Phasen des **PEP-**$VR^{©}$ - Überblick

Phasen des **PEP-**_VR_© und deren Ergebnisse

D. Permanenter Prozess - *Projektdefinition*
Vom Auftraggeber formulierte
- Prämissen
- Standard-Ziele/ Anforderungen und Vorgaben

0. Strategie-Phase - *Prämissen, Anforderungen*
- Anforderungen an ein Produkt
- Definition der benötigten Fach-Expertise und Kapazitäten

1. Initial-Phase - *Ausgewählte Lösungsvariante*
- Der *Lastenheftentwurf*

2. Konzept-Phase - **Vereinbarung Konzept**
- Das *Lastenheft*

3. Detaillierungs-Phase - **Vereinbarung Produkt**
- Das *Pflichtenheft*

4. Erstellungs-Phase - *Bestätigung Konzept*
- Komponenten, Bauteile gefertigt und abgenommen

5. Verifizierungs-Phase – *Bestätigung Produkt*
- Systemelemente, Komponenten gefertigt und abgenommen

6. Validierungs-Phase - *Bestätigung Serien-/Nutzungsreife*
- Gesamtsystem für den Markt freigegeben

**7. Nachbereitung und Lessons Learned –
    Bestätigung Produkt- und Prozessstabilität**
- Produkt- und Prozessstabilität i bestätigt

Methoden im **PEP**-*VR*© *und deren Lokalisierung*

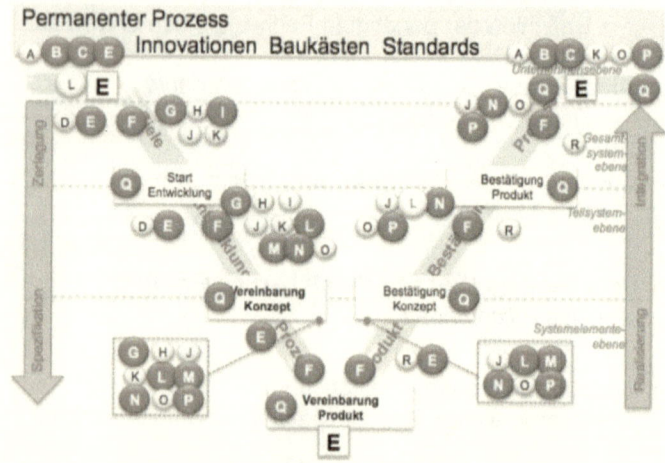

Abbildung 6 *Methoden* und deren Lokalisierung im **PEP**-*VR*©

Methoden im **PEP**-*VR*©

Die Arbeit im **PEP**-VR© wird durch den Einsatz von in der Praxis bewährten Methodiken, Methoden und Werkzeugen unterstützt.
Die Methodiken bzw. Methoden können in vier Gruppen gegliedert werden.

- Methoden zur Definition von Strategie und Zielen
  - Szenariotechnik (B)
  - Technology Roadmap (C)
  - Market research (E)
  - Quality Function Deployment (QFD, F) als Schnittstellenmethode

- Methoden zur Entwicklung von Produkten
  - Value Analysis /Value Engineering (VA/VE, G)
  - Design to Cost (DTC, I)
  - Kreativitäts-Techniken (L)
  - Änderungsmanagement (P)

- Methoden zur Auswahl und systematischen Entscheidungsfindung
  - Nutzwert-Analyse
  - Entscheidungsanalyse (Q)

- Methoden zur Absicherung erarbeiteter Ergebnisse
  - Design for Manufacturing and Assembly (DFM, DFA)
  - Failure Mode and Effect Analysis (FMEA, N) in den Ausprägungen System-, Design-, Prozess-Analyse

Methoden zur Definition von Strategie und Zielen

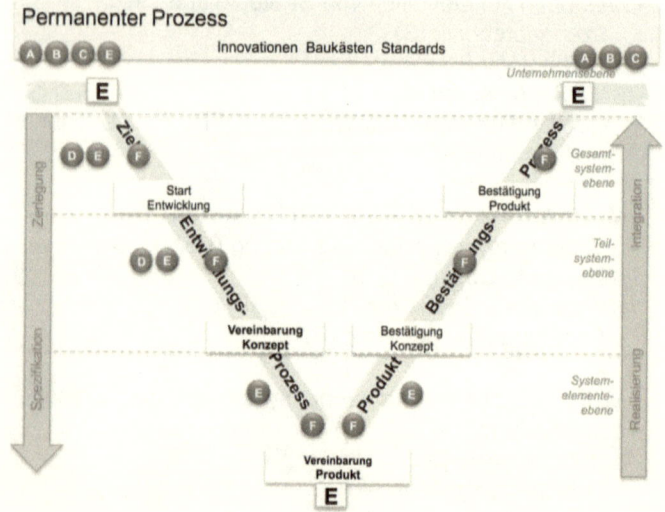

Abbildung 7 Methoden zur Definition von Strategie und Zielen

Methoden zur Definition von Strategie und Zielen

Im Permanenten Prozess werden alle für das Unternehmen und seine Leistungen z.B. Produkte, Prozesse, .. benötigten Informationen gesammelt und aufbereitet.

In fest definierten Zeitabschnitten werden diese Daten, die Summe aus externen Informationen - bsph Gesetzesänderungen, Trends, Wettbewerbsentwicklungen und internen Informationen - Innovationen, Schwachstellen, Gewährleistung - ausgewertet und der erkannte Handlungsbedarf dokumentiert.

Der Handlungsbedarf wird mit den Erkenntnissen allgemeiner Technologie-Entwicklung und mit der Unternehmens-Technologie- Vision (Szenario) und der Technology-Raod-Map (Mission) auf Deckungsgleichheit geprüft. Das Ergebnis wird als vorhanden bestätigt oder beide Dokumente sind entsprechend der Erkenntnisse zu überarbeiten.

Die aus diesem Prozess resultierenden Maßnahmen werden gebündelt, als Projekt mit Aufgabenstellung, Std-Zielen, Prämissen und Vorgaben zur Bearbeitung an ein entsprechend der Aufgabenstellung zusammengesetztes Team übergeben.

Zur Erarbeitung der benötigten Informationen der Strategie- und Initial-Phase nutzt das Arbeitsteam bsph.

- Szenariotechnik (B)
- Technology Roadmap (C)
- Market research (E)

- Quality Function Deployment (QFD, F) als Schnittstellenmethode zur Übersetzung von *Forderungen* der Anspruchsgruppen in *Technische Merkmale*

Technology Forcasting (A)

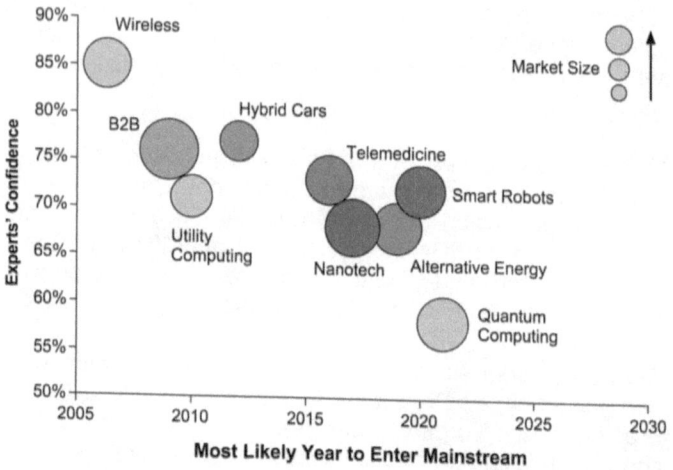

Abbildung 8 Technology Forecasting - Grafik

- Technology Forecasting

  o Ziel
  Den Technologiebedarf und die Käuferstruktur der Zukunft möglichst genau einschätzen. Das Ergebnis dient als Basis dafür, die richtigen, also die marktrelevanten technologischen Entwicklungen anzustoßen und voranzutreiben.

  o Vorgehen
  Das nötige Basiswissen wird aus Foresight-Studien staatlicher und nichtstaatlicher Organisationen extrahiert.
  Kontinuierliches Technologie Monitoring mit dem Ziel, Wissen, welches über das Technologieportfolio des eigenen Unternehmen hinausgeht, zu erarbeiten und zielgerichtet zu nutzen.

  o Arbeitsform
  Einzelarbeit, Gruppengespräche, Expertentreffen

  o Ergebnis
  Entscheidungskriterien für die kurz- und mittelfristige, sowie Leitlinien für die mittel- und langfristige Technologieplanung. Erstellung einer Technology Road Map

  o Einsatz im **PEP**-*VR*$^©$
  Permanenter Prozess, Innovationsmanagement

Szenariotechnik (B)

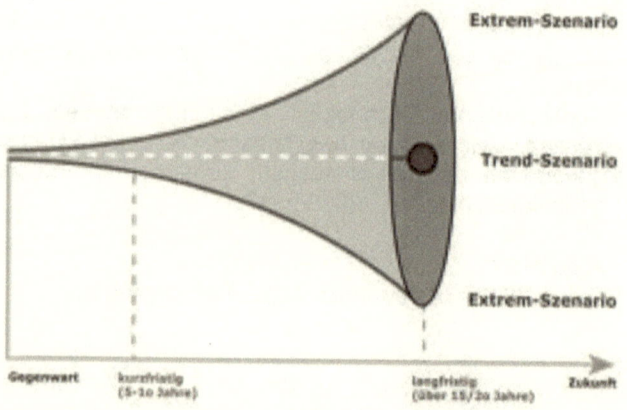

Abbildung 9 Szenariotechnik - Szenario-Trichter

- **Szenariotechnik**

  o Ziel
  Alternative Zukunftsbilder entwickeln und in ihren Folgen, einer möglichst vollständigen und in sich plausiblen Zusammenstellung von Ereignissen und Ereignisfolgen, darstellen. Dabei gilt es, nicht nur tatsächlich erwartete Entwicklungen abzubilden, sondern die gesamte Breite denkbarer Tendenzen – bildlich Szenario-Trichter.

  o Vorgehen
  Systematisches Vorgehen in 8 Schritten
  Schritt 1 Aufgabenstellung definieren
  Schritt 2 externe Einflussfaktoren erkennen und Relevanz festlegen
  Schritt 3 Umfeld durch Deskriptoren mit quantitativen und qualitativen Daten beschreiben
  Schritt 4 Wechselwirkungen der Deskriptoren aufzeigen; Deskriptoren bündeln – Szenarien „konsistent" - „widersprüchlich"- „wahrscheinlich"
  Schritt 5 Szenarien interpretieren
  Schritt 6 Störereignisse und Wirkungen analysieren
  Schritt 7 Maßnahmen für erkannte Wirkungen festlegen
  Schritt 8 Szenario-Ergebnisse transferieren, Maßnahmen umsetzen

  o Arbeitsform
  Einzelarbeit, Gruppengespräche, Expertentreffen

  o Ergebnis
  Beschreibung der künftigen Entwicklung der betrachteten Leistung unter alternativen Rahmenbedingungen. Um unterschiedliche Entwicklungen in der Zukunft zu berücksichtigen werden mehrere Szenarien parallel betrachtet. Unsicherheiten werden damit zu Plangrößen.

  o Einsatz im **PEP**-*VR*©
  Permanenter Prozess, Innovationsmanagement

Technology Roadmap (C)

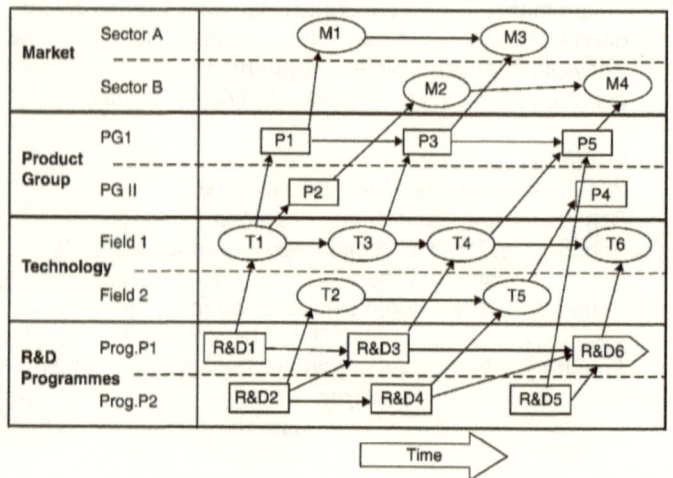

Abbildung 10 Technology Roadmap - Grafik

- **Technology Roadmap**
  - Ziel
  Langfristige Projekte in einzelne, leichter zu bewältigende Schritte strukturieren. Dabei werden Unsicherheiten und mögliche Szenarien zur Zielerreichung betrachtet um (langfristig) Lock-in Situationen und technische Fehlentscheidungen zu vermeiden. Kennzeichnend für die Roadmap ist der Planungshorizont, welcher in der Regel mehr als ein Jahr umfasst.

  - Vorgehen
    - Schritt 1 Betrachtungsobjekte beschreiben
    Untersuchungsrahmen abgrenzen
    - Schritt 2 Bedarf – Markt, Kunden, Produkte darstellen
    Bedarfsentwicklung im Betrachtungszeitraum aufzeigen
    - Schritt 3 Potenziale - Märkte, Technologie,..
    analysieren und Prognose erarbeiten
    - Schritt 4 Potenziale und Bedarf aus Märkten, Technologie und Produkten verknüpfen
    - Schritt 5 Vollständigkeit und Konsistenz prüfen
    Ressourcen und Know How zur Umsetzung planen und terminieren

  - Arbeitsform
  Interdisziplinäre Teamarbeit, sinnvoll unter Einbeziehung relevanter (externer) Anspruchsgruppen

  - Ergebnis
  Grafik, in der horizontal einzelne Meilensteine und vertikal Aspekte und antizipierte Lösungen zu Themen wie Markt(-entwicklung), Produkte, Technologien, F&E Programme und die zur Erreichung der antizipierten Lösungen benötigten Ressourcen dargestellt werden.

  - Einsatz im **PEP**-*VR*©
  Permanenter Prozess, Innovationsmanagement

Analyse der Anspruchsgruppen (D)

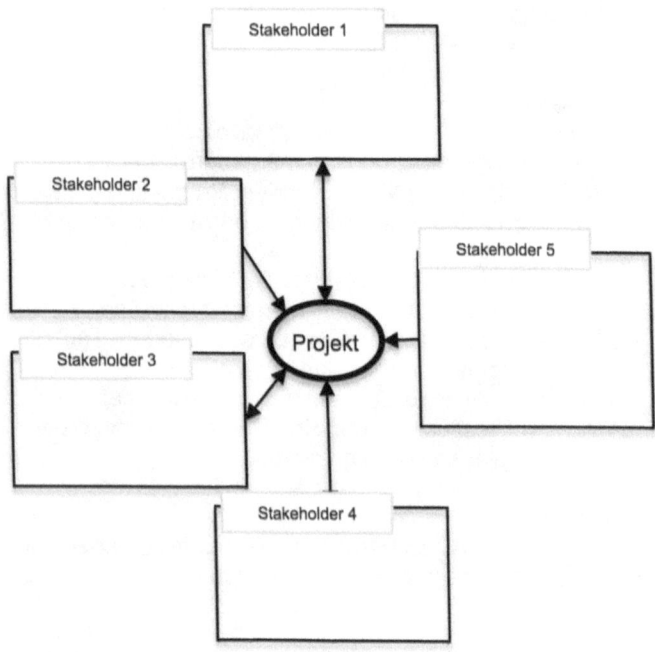

Abbildung 11 Analyse der Anspruchsgruppen - Grafik

- **Analyse der Anspruchsgruppen**

  o Ziel
  Die relevanten Anspruchsgruppen und ihre Interessen erkennen;

  die Bedeutung der Anspruchsgruppen für das Unternehmen einschätzen und klären;

  Anregungen geben für den Umgang mit den Interessen, Anforderungen und Bedürfnissen der Anspruchsgruppen.

  o Vorgehen
  Wie verhält sich das Unternehmen gegenüber seinen Kunden und wie verhalten sich diese gegenüber dem Unternehmen?

  Wie positioniert und handelt das Unternehmen gegenüber seinen Wettbewerbern? Und wie handeln diese?

  Welche Anforderungen stellen staatliche Einrichtungen und sonstige Verwaltungsorgane? Welche Handlungen des Unternehmens sind davon betroffen?

  o Arbeitsform
  Interdisziplinäre Teamarbeit; Einzelarbeit möglich

  o Ergebnis
  Diagramm, in dem die Anspruchsgruppen ergänzt und deren Erwartungen zusammengefasst werden.

  o Einsatz im **PEP**-*VR*©
  Permanenter Prozess

Market research (E)

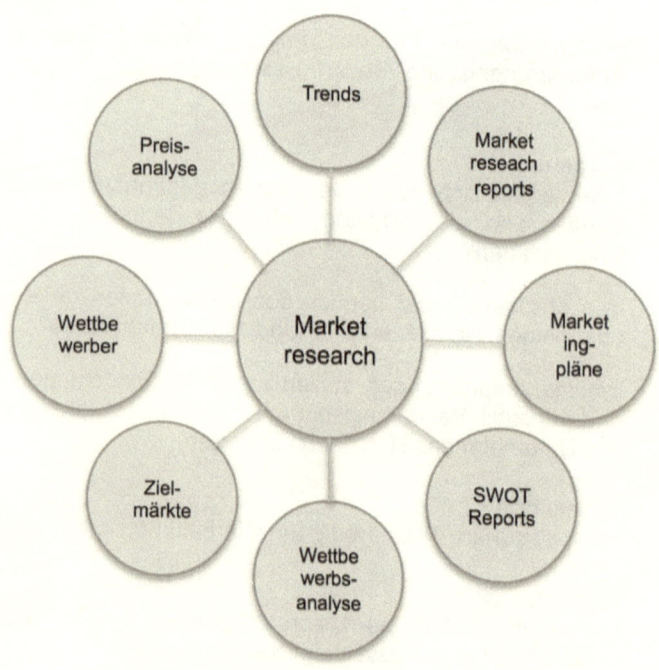

Abbildung 12 Market research - Analysefelder

- **Market research**

  o Ziel
  Durch die Beobachtung des Marktgeschehens und des Unternehmensumfeldes Informationen gewinnen und auswerten.

  o Vorgehen
  Kontinuierlicher, systematischer, auf wissenschaftlichen Methoden basierender Prozess mit zwei Schwerpunkten
    - Primärer Market research
      Markterhebungen bsph. in Form von Interviews, Gruppengesprächen
    - Sekundärer Market research
      Desktop-, Literatur, Datenbanken-research

  o Arbeitsform
    - Primärer Market research
      Interviews (strukturiert, frei), Gruppendiskussionen, Produktkliniken
    - Sekundärer Market research – Einzelarbeit

  o Ergebnis
  Basisdaten in Form von qualitativen und quantitativen Aussagen für Entscheidungen über die 4 marktentscheidenden Ps: Product - Price - Place - Promotion - (Persons)

  o Einsatz im **PEP**-VR$^©$
  Permanenter Prozess, Innovationsmanagement

Quality Function Deployment (QFD, F)

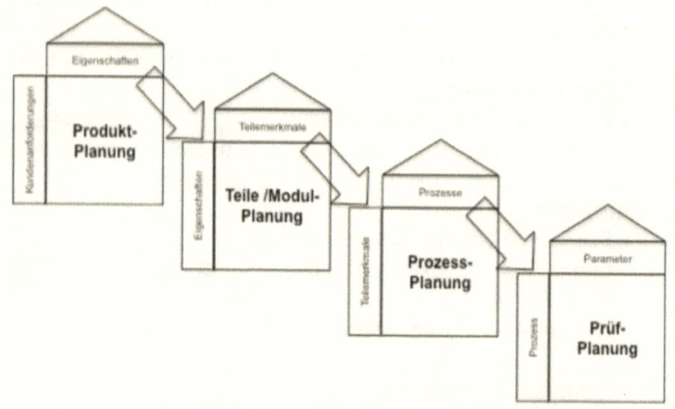

Abbildung 13 Quality Function deployment - Produktentwicklungsprozess

- **Quality Function Deployment**

  o Ziel
  Das Produkt, orientiert an den Anforderungen und entsprechend deren Wertigkeit aus Sicht der Anspruchsgruppen gestalten → Sprache der Kunden in die der Ingenieure übersetzen.

  o Vorgehen
  Erstellen von projektrelevanten Tableaus beginnend mit dem House of Quality (HoQ).
  Schritt 1   Kundenwünsche erfassen (*Market research*)
  Schritt 2   Kundenwünsche wichten (*Paarvergleich*, ...)
  Schritt 3   benötigte Produkteigenschaften definieren
  Schritt 4   Kundenwünsche mit Eigenschaften vernetzen
  Schritt 5   Ranking der Eigenschaften erstellen –
  Schritt 6   Eigenschaften mit Eigenschaften vernetzen

  Das HoQ kann entsprechend Bedarf mit weiteren Aspekten bsph Erfüllung der Kundenwünsche durch Wettbewerber ergänzt werden.
  Jedes weitere House entsteht durch Schwenken der Kopfzeile bsph. Eigenschaften um 90° gegen den Uhrzeigersinn, Eintragen bsph. der Teilsysteme in die Kopfzeile und der Wiederholung des beschriebenen Prozesses.

  o Arbeitsform
  Interdisziplinäre Teamarbeit; bei HoQ sinnvoll mit Beteiligung von Vertretern von Anspruchsgruppen

  o Ergebnis
  Kenntnis über das Ranking und die Vernetzung von Eigenschaften aus Sicht der Kunden /Anspruchsgruppen.

  o Einsatz im **PEP**-VR$^{©}$
  Permanenter Prozess; Start *Strategie-Phase* bis zur **Vereinbarung Produkt**

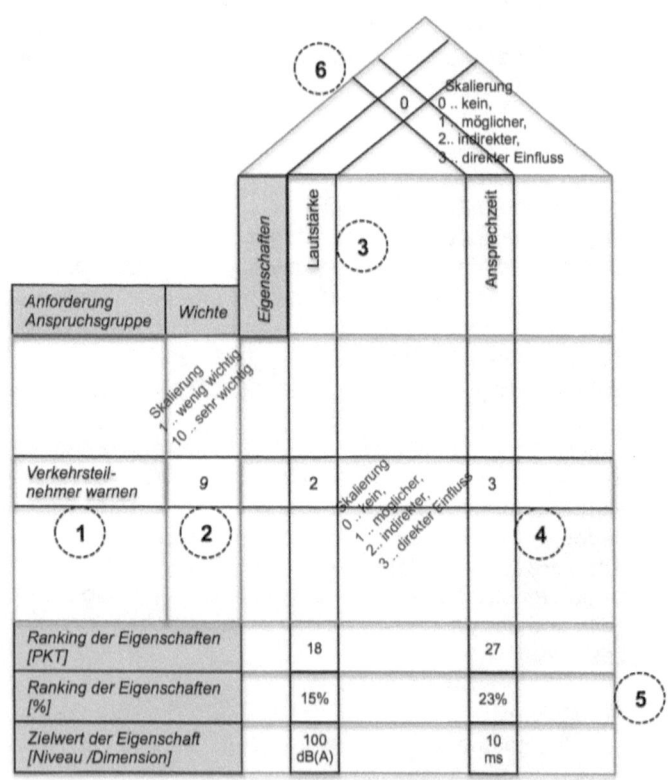

Abbildung 14 Quality Function Deployment – House of Quality Einzelschritte

- Projektauftrag

Auftrag Gesamtprojekt / Projektphase	
Projektname	Projektnummer
Projektkunde	ausf. Standort
Revision Revisionsdatum	akt. Datum 02.11.12
Projektphase Machbarkeit	

Projekt auslösende Gründe *Was ist der grund für das Projekt? Welches ist sein strategische Zweck?*

Projektziele *Welche Ergebnisse sind zu erreichen? Welcher Nutzen soll für wen erarbeitet sein?*
funktional

betriebswirtsch.

Phasenziele Strategie   *Was ist zu tun? Welches Ergebnis wird erwartet?*
funktional

betriebswirtsch.

Termine *Wann beginnt bzw wann endet welche Phase?*

Start	Strategie	Initial	Konzept	Detaillierung	
	Erstellung	Verifizierung	Validierung	Freigabe	Bestätigung P&P

Meilensteine

Ressourcen *Welche Ressourcen stehen für das Projekt, welche für die jeweilige Phase zur Verfügung?*

Budget Gesamtprojekt	Budget Phase Strategie
Projekt	Projekt
Investition	Investition
Personal	Personal

Restriktionen *Welche Umfeldbedingungen (ext. /int), Nahtstellen sind zu brücksichtigen?*

Planung *Wie sieht die Grobplaung des Projekts, die Detail- bzw Feinplanung der Phase aus?*

Berichtswesen *Wem wird Wann Was und in welcher Form berichtet?*

Auftraggeber	**Projektleiter**
Unterschrift	Unterschrift
Datum	Datum

Abbildung 15 Projektauftrag - Formblatt

Methoden zur Entwicklung von Produkten

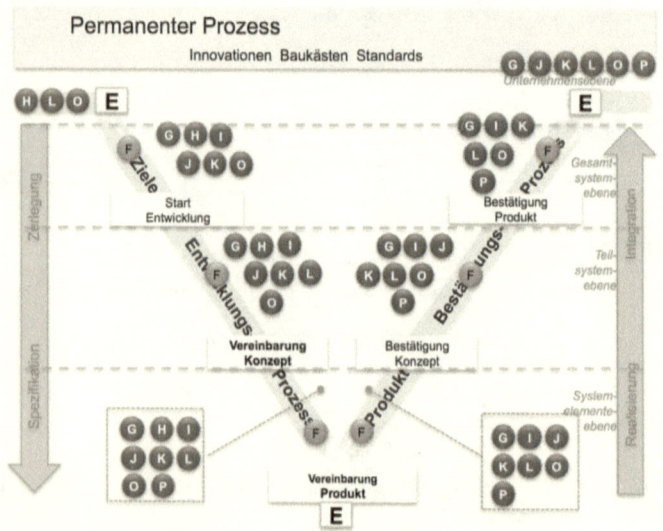

Abbildung 16 Methoden zur Entwicklung von Produkten

Methoden zur Entwicklung von Produkten

Mit Hilfe der Methode QFD werden die Forderungen der Anspruchsgruppen gewertet, gewichtet und mit den Produkteigenschaften vernetzt.

Das Ergebnis ist der *Lastenheft Entwurf* in dem die Eigenschaften des Produktes/ Prozesses (WAS?) mit quantitativen oder qualitativen Zielwerten versehen (Wie GUT?) als Aufgabenstellung für das Entwicklungsprojekt festgeschrieben sind.

In der Konzept-Phase wird dann, die Erkenntnisse aus den vorgelagerten Phasen detaillierend, das Konzept für das neue /optimierte Produkt mit den benötigten Detailzielen, Ideen, Baukastenelementen, Verifizierungs- und Validierungsanfoderungen erarbeitet. Das Ergebnis ist das *Lastenheft* als Basis für die *Vereinbarung Konzept*.

In der Detaillierungs-Phase werden die Lösungen für die vereinbarten Detailziele erarbeitet, die Verifizierungs- und Validierungsanforderungen konkretisiert. Ergebnis der Detaillierungs-Phase ist das *Pflichtenheft* als Basis für die **Vereinbarung Produkt** und die *Lieferanten-Beauftragung* zur Erstellung des Produktes.

Methoden, welche die Arbeit des Teams in diesen Phasen unterstützen und helfen die benötigten Ergebnisse systematisch zu erarbeiten sind bsph.

- Value Analysis /Value Engineering (VA/VE, G)
- Design to Cost (DTC, I)
- Kreativitäts-Techniken (L)
- Änderungsmanagement (P)

Value Analysis – Value Engineering (Wertanalyse) nach EN 12973 (VA/VE; G)

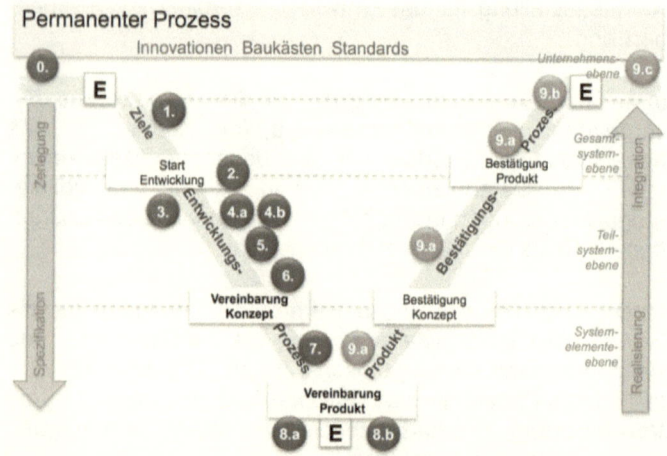

Abbildung 17 VA/VE Arbeitsschritte – Lokalisierung im **PEP-*VR*©**

- **Value Analysis – Value Engineering**

  o Ziel
  Die den Anforderungen entsprechende optimierte Leistung - materielles (Maschine) oder immaterielles (Software) Produkt, Prozess. Hybrid.

  o Vorgehen
  Arbeitsplan mit 10 (Grund-)Schritten, mit einem organisierten und kreativen Ansatz, integriert in den funktionenorientierten und wirtschaftlichen Gestaltungs-Prozess.
  Entsprechend des Einsatzes im Produktlebenszyklus spricht man von:
  - Value Planing /Wertplanung (Strategie-, Initial-Phase)
  - Value Engineering /Wertgestaltung
    (Konzept – Bestätigung P&P)
  - Value Analysis /Wertverbesserung
    (Nutzungs-/Vermarktungsperiode).

  Der Schwerpunkt der Anwendung liegt im Bereich des Ziele-Entwicklungs-Prozess, im Produkt-Bestätigungs-Prozess wird bei Bedarf steuernd eingegriffen.

Schritt 1	Aufgabenstellung, Projekt und Sinnhaftigkeit des Einsatzes der Methode VA-VE entscheiden (Grundschritt - GS 0)
Schritt 2	Projekt in Umfang, Ablauf und die benötigte Projektorganisation planen (GS 1- 2)
Schritt 3	Daten externer und interner Anspruchsgruppen sammeln, auswerten und zu Detailzielen verdichten (GS 3 - 4)
Schritt 4	Lösungsideen sammeln, erarbeiten, kombinieren; abgetrennt davon bewerten und Lösungsansätze formen (GS 5 – 6)
Schritt 5	Lösungsansätze ausarbeiten, auswählen und Entscheidung zu deren Realisierung herbeiführen (GS 7 – 8)
Schritt 6	Umsetzung der Entscheidung begleiten (GS 9)

Abbildung 18 Value Analysis-Value Engineering Arbeitsplan – 10 Schritte nach EN 12 973

- Arbeitsform
  interdisziplinäre Teamarbeit; sinnvoll ist die situative Einbindung von Anspruchsgruppen

- Ergebnis
  Das optimierte Verhältnis aus Leistung (Produkt, Dienstleistung, Prozess, Hybrid), und dem dafür zu leistenden Aufwand (Preis, Investition, Lebens-Zyklus-Kosten, Ressourcen..) sowohl aus Sicht des Kunden /Nutzers als auch aus Sicht des Anbietenden.

- Einsatz im **PEP**-VR©
  Strategie-Phase (bis Vereinbarung Produkt) bis **Produkttod**

Funktionen-Analyse (FA, H)

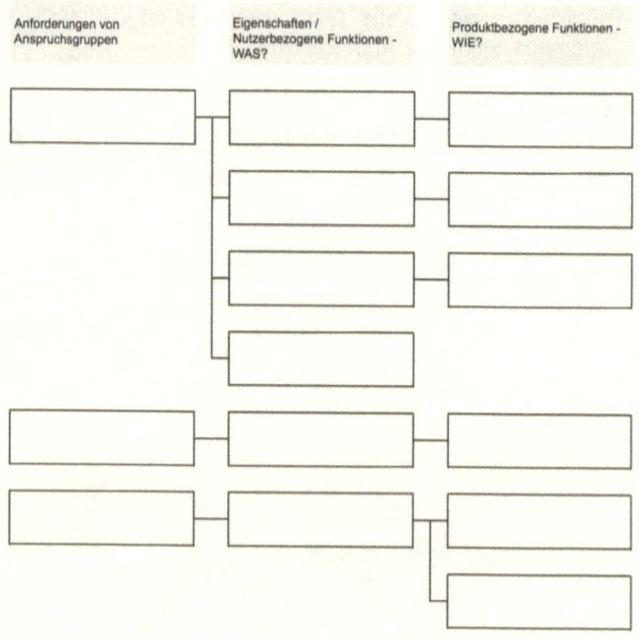

Abbildung 19 Funktionenanalyse – Grafik Funktionenbaum

- Funktionenanalyse

    o Ziel
    Vollständige Beschreibung der einzelnen Funktionen (Eigenschaften, Wirkungen) einer Leistung und deren Beziehungen und Abhängigkeiten. Die Funktionen werden systematisch ermittelt, dargestellt, klassifiziert und bewertet.

    o Vorgehen
    Schritt 1 Anforderungen von Anspruchsgruppen systematisch ermitteln
    Schritt 2 *Nutzer Bezogene Funktionen* (NBF) – die WAS? – erarbeiten
    Schritt 3 *Produkt Bezogene* (PBF) – die Lösung beschreibende Funktionen, die WIE's – aus den NBF ableiten
    Schritt 4 PBF bewerten (unnötig, unerwünscht)
    Schritt 5 Funktionendiagramm erstellen d.h. Anforderungen, NBF's, PBF's und deren Abhängigkeit grafisch darstellen

    o Arbeitsform
    Interdisziplinäre Teamarbeit; mit Matrizen unterstützter, systematischer Prozess

    o Ergebnis
    Grafische, hierarchisch gegliederte Darstellung der Wirkungen einer Leistung. Diese Gliederung bildet die Basis für die Zuordnung für deren Realisierung zulässiger (Functional Area Matrix) bzw. aufgewendeter Kosten (Function cost matrix).

    o Einsatz im **PEP-*VR*$^©$**
    Initial-Phase bis **Vereinbarung Konzept**

Funktionale-Leistungs-Beschreibung (FLB) bis 360° Dokumentationssystem (360°DS)

Anforderungsliste

Anforderung	Eigenschaft / Funktion	Bewertungskriterium	Niveau	Flexibilität	Vorgaben
Beschleunigung	Leistung erzeugen	[kW]	180	mechanisch	mechanische Lösung
	Moment übertragen	[Nm]	550	+/- 20% hydraulisch	hydraulisch

Zielvereinbarung → Lastenheft

Anforderung	Eigenschaft / Funktion	Bewertungskriterium	Niveau	Flexibilität	Vorgaben	Zielfix [€]	Termin
Beschleunigung	Leistung erzeugen	[kW]	180	mechanisch	mechanische Lösung	300	KW 35.XX
	Moment übertragen	[Nm]	550	+/- 20% hydraulisch	hydraulisch		KW 42.XX

Lösungsvereinbarung → Pflichtenheft

Anforderung	Eigenschaft /Funktion	Bewertungskriterium	Niveau	Flexibilität	Vorgaben	Zielfix [€]	Idee, Lösung, Baukasten	Termin	Verantwortlich
Beschleunigung	Leistung erzeugen	[kW]	180	mechanisch	mechanische Lösung	300	Motor 25 aus Baukasten	KW 35.XX	H. Huber
	Moment übertragen	[Nm]	550	+/- 20% hydraulisch	hydraulisch		Hydr. Wandler Kauffeld Pander	KW 42.XX	Fr. Dolenschal

360° Anforderungsmaster →Das Projektdokument

Anforderung	Eigenschaft /Funktion	Bewertungskriterium	Niveau	Flexibilität	Vorgaben	Zielfix [€]	Idee, Lösung, Baukasten	Termin	Verantwortlich	Änderungen	Änderungsdatum	Verantwortlich
Beschleunigung	Leistung erzeugen	[kW]	180	mechanisch	mechanische Lösung	300	Motor 25 aus Baukasten	KW 35.XX	H. Huber			
	Moment übertragen	[Nm]	550	+/- 20% hydraulisch	hydraulisch		Hydr. Wandler Kauffeld Pander	KW 42.XX	Fr. Dolenschal	Moment auf 450Nm reduziert	15.03.12	Fr. Dolenschal

Abbildung 20 Funktionale Leistungs Beschreibung bis 360° DokumentationSystem

- **Funktionale-Leistungs-Beschreibung**

  o Ziel
  Ein Dokument zur Spezifikation der funktionalen Leistungsmerkmale (Anforderungen) und deren Umsetzung.

  o Vorgehen
  Schritt 1 Anforderungen der Anspruchsgruppen darstellen - NBF, Vorgaben, Prämissen
  Schritt 2 Bewertungskriterien für jede Eigenschaft/ Funktion festlegen
  Schritt 3 Niveaus und Flexibilität – Gestaltungsspielraum, um die Niveaus zu erreichen – festlegen → *FLB*
  Schritt 4 Ziel-Herstellkosten den Anforderungen zuordnen und Umsetzung terminieren
  → *Lastenheftentwurf, verzielte Anforderungen*
  Schritt 5 Geeignete Ideen, Lösungen, Baukastenelemente mit der geprüften Stimmigkeit und Machbarkeit der Anforderungen dokumentieren und vereinbaren → *Lastenheft / Vereinbarung Konzept*
  Schritt 6 Geprüfte, detaillierte Lösungen, Anteile Innovation und Baukastenelemente dokumentieren und vereinbaren → *Pflichtenheft/ Vereinbarung Produkt*
  Schritt 7 Nach Vereinbarung Konzept ggf. Änderungen an Anforderungen, ...mit Maßnahmen festhalten und terminieren (spätestens an jedem Projekt-Entscheidungspunkt)→ 360° DS

  o Arbeitsform
  Interdisziplinäres Arbeitsteam

  o Ergebnis
  Dokument zur Projektverfolgung

  o Einsatz im **PEP**-*VR*©
  Initial-Phase bis Bestätigung Produkt-/Prozess-Stabilität

Design to Objectives (DtO, I)

Abbildung 21 Design to Objectives(DtO) – Vorgehen, Inhalte

- **Design to Objectives**

  o Ziel
  Gestaltung von Produkten orientiert an klaren Zielvorgaben bsph. Kosten, Funktionen, Servicefähigkeit.

  o Vorgehen
  Vorgehensmodell mit 4(5) Schritten entsprechend den Phasen des Entwicklungsprozesses – (Strategie-), Initial-, Konzept-, Detaillierungs-, Umsetzungs-Phase, welches im Rahmen der Produktentwicklung eingesetzt wird.
  Das am häufigsten eingesetzte Vorgehen ist Design to cost (DtC). Bei DtC wird konsequent für einzelne Komponenten die kostengünstigste Lösung unter Berücksichtigung des gesamten Lebenszykluses von Erstellung bis Entsorgung erarbeitet.
  Der Schwerpunkt der Anwendung liegt im Bereich des Ziele-Entwicklungs-Prozesses. Im Produkt-Bestätigungs-Prozess wird bei Bedarf steuernd eingegriffen.
  In einigen Organisationen werden die Phasen streng voneinander getrennt bearbeitet und Unternehmen mit der Bearbeitung ausschließlich einer einzigen Phase beauftragt.

  o Arbeitsform
  interdisziplinäre Teamarbeit

  o Ergebnis
  Das bsph bei DtC kostengünstigste, aber aus Sicht der Anspruchsgruppen alle Anforderungen erfüllende Produkt.

  o Einsatz im **PEP-$VR^{©}$**
  Strategie-Phase bis **Vereinbarung Produkt**

Target Costing, Costing (TC, J)

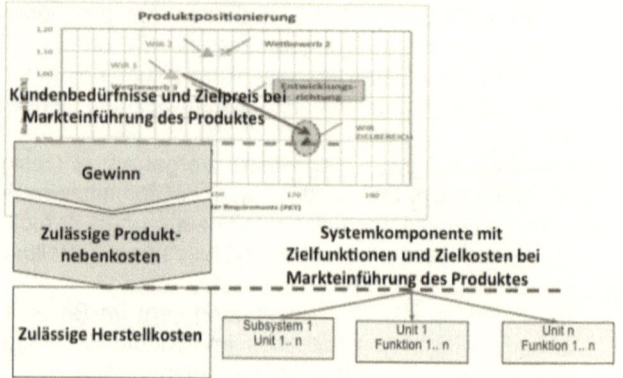

Abbildung 22 Target Costing – Ableitungs-Prozess

- **Target Costing, Costing**
  (Ableitung Ziel-Herstellkosten)

  o Ziel
  Ziel-Herstellkosten für die Erstellung eines Produktes auf Grund von Wettbewerbsinformationen festlegen. Die Ziel-Herstellkosten dienen als Kostenrahmen im Zusammenhang mit der Entwicklung bzw. Optimierung des spezifischen Produktes.

  o Vorgehen
  Schritte zur Festlegung von Ziel-Herstellkosten:
  Schritt 1 Geplantes Produkt im Preis-/ Kundennutzen-Portfolio positionieren und Zielpreis festlegen (Prämisse: Preissituation bei Markteintritt).
  Schritt 2 Erwarteten Gewinn und zulässige Produkt-Nebenkosten (Absolut-Werte) definieren und von festgelegtem Marktpreis abziehen
  → Ziel-Herstellkosten Gesamtsystem.
  Schritt 3 Ziel-Herstellkosten Gesamtsystem auf Teilesystemebene und niedriger herunterbrechen
  Die Formulierung der Ziel-Herstellkosten basiert auf einem weitreichenden, in den Gesamtprozess der Produktentstehung eingebetteten Kostenplanungs-, -steuerungs- und -kontrollprozess.
  Das Erreichen der Zielkosten wird durch bekannte Kostenrechnungsverfahren unterstützt.

  o Arbeitsform
  Interdisziplinäres Arbeitsteam

  o Ergebnis
  Ziel-Herstellkosten für das Gesamtsystem und Teile davon abgeleitet aus erreichbaren Marktpreisen.

  o Einsatz im **PEP**-*VR*©
  Initial-Phase;
  als Controlling-Instrument bis *Bestätigung Produkt-/ Prozessstabilität*

Konfigurations- /Variantenmanagement (K)

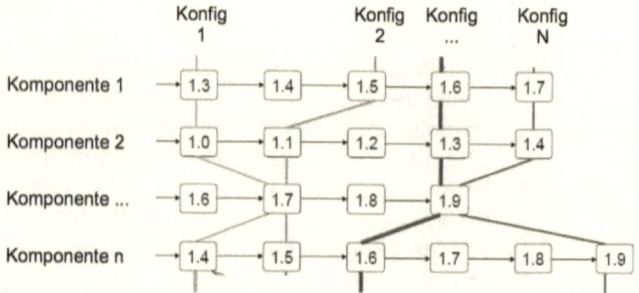

Abbildung 23 Konfigurations- /Variantenmanagement - Grafik

- **Konfigurations- /Variantenmanagement**

  o Ziel
  Die Notwendigkeit angebotener Varianten hinterfragen und ggf. deren Anzahl gezielt den markt- und betriebswirtschaftlichen Anforderungen anpassen.

  o Vorgehen
  Schritt 1   Varianten systematisch durch die Kombination vorhandener oder geplanter Komponenten ermitteln
  Schritt 2   Die Varianten aus Sicht Markt /Wettbewerb und Betriebswirtschaft (Umsatz, Deckungs- / Gewinnbeitrag) bewerten.
  Schritt 3   Auswirkungen der erarbeiteten Varianten und der, zu deren Konfiguration benötigten Komponenten auf Supply Chain Management, Marketing/ Vertrieb, After Sales erarbeiten.
  Schritt 4   Zu realisierende Varianten auswählen und Rahmenbedingungen schaffen.

  o Arbeitsform
  Interdisziplinäre Teamarbeit

  o Ergebnis
  Kenntnis der (benötigten) Varianten, des dadurch verursachten Aufwandes und des durch die Varianten zur erzielenden Zusatzerlöses

  o Einsatz im **PEP-$VR^©$**
  Initialphase bis **Vereinbarung Produkt**

Kreativitätstechniken (L)

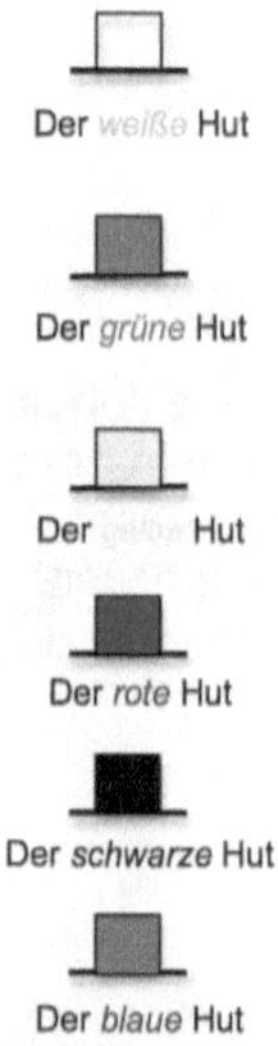

Der weiße Hut
Verfügbare und benötigte Informationen sammeln
Denken unter dem *weißen Hut* betrifft die Informationslage Welche Informationen sind vorhanden? Welche werden benötigt, fehlen? Wie sind diese zu bekommen? Um Ideen generieren zu können.
Leitsatz: Nicht argumentieren – aufschreiben/ festlegen.

Der grüne Hut
Kreative Ideen und Alternativen entwickeln
Unter dem *grünen Hut* werden neu Ideen erarbeitet, Alternativen und Modifikationen entwickelt.
Denken in Möglichkeiten, Chancen zur Veränderung unterstützen den Prozess

Der gelbe Hut
Vorteile, Nutzen und Machbarkeit erarbeiten
Mit dem (virtuellen) *gelben Hut* auf dem Kopf werden die entwickelten Ideen logisch weitergedacht. Welche Vorteile entstehen durch die Ideen? Was ist der Nutzen für die Kunden? Wie können Vorteile und Nutzen realisiert werden?

Der rote Hut
Intuition und (Bauch-)Gefühl befragen
Der *rote Hut* bietet die Möglichkeit die Ideen und Alternativen positiv kritisch zu hinterfragen und das persönliche Erfahrungswissen und (Bauch-)Gefühl einzubringen. Der Bauch sagt: Die Idee ist gut! - nicht begründen, argumentieren.

Der schwarze Hut
Risiken, Schwierigkeiten und Probleme aufzeigen
Keine neue Idee ist ohne Risiko. Denken unter dem *schwarzen Hut* bietet die Möglichkeit alle Argumente, die gegen die Idee sprechen aufzuzeigen.
Achtung: Das Gehirn hasst Veränderungen, NIH-Denken, emotionale Ablehnung

Der blaue Hut
Wie geht es weiter?- den Prozess vordenken
Alle Für und Wider der erarbeiteten Ideen sind aufgezeigt. Unter dem *blauen Hut* wird der Weg zum Ziel, der Realisierung der Idee unter Berücksichtigung des Gelernten vorgedacht und skizziert
Was ist zu tun? Worauf ist zu achten? Was wird benötigt?

Abbildung 24 Kreativitätstechhnik –
Six Thinking Hats nach de Bono

- Kreativitätstechniken

  o Ziel
  Neue Lösungsansätze für erkannten Handlungsbedarf erarbeiten.

  o Vorgehen
  In der Regel werden 4 Phasen durchlaufen:
  Phase 1 Verfügbare, benötigte Informationen sammeln, aufbereiten - *Was ist?*
  Kreative Spannung erzeugen - *Was soll sein?*
  Phase 2 Vorhandene Ideen sammeln,
  neue Ideen erarbeiten
  Phase 3 Genannte Ideen kombinieren, abwandeln,
  neue Ideen generieren –
  Wie kann es gehen (Weg von Ist zu Soll)?
  Phase 4 Ideen bewerten, Lösungsansätze entwickeln und weiter zu verfolgende entscheiden -
  Was ist der beste, kostengünstigste, ... Weg?
  Bisweilen ist es sinnvoll/ notwendig, die Phasen 2 und 3 mit dem Ziel die Qualität der Ideen zu steigern, mehrfach zu durchlaufen.

  o Arbeitsform
  Bei den in der Kreativitätstechnik eingesetzten Methoden differenziert man in
  - intuitive (Brainstorming, 635,..) – interdisziplinäre Teamarbeit
  - logisch, systematische Methoden (Morphologischer Kasten, Six Thinking Hats, ...) – Einzelarbeit möglich

  o Ergebnis
  Neue, die festgelegten Anforderungen erfüllende Lösungsansätze

  o Einsatz im **PEP**-*VR*©
  Permanenter Prozess bis Bestätigung Produkt-/ Prozess-Stabilität

Risiko- /Problemanalyse (RA, PA, O)

	Hoch	4 Eventualplan	7 Plan ändern	9 Plan ändern
Wahrscheinlichkeit des Eintritts	Mittel	2 akzeptieren	6 Eventualplan	8 Plan ändern
	Gering	1 akzeptieren	3 akzeptieren	5 Eventualplan
		Gering	Mittel	Hoch

Risikohöhe

Abbildung 25 Risiko- /Problemanalyse - Risikobewertungsmatrix

- Risiko-/Problemanalyse

  o Ziel
  Identifikation und Bewertung von Risiken, damit im Rahmen des Risikomanagements mögliche negative Ereignisse mit Präventionsmaßnahmen vermieden, reduziert oder auf Dritte abgewälzt werden können.

  o Vorgehen
  Schritt 1 Erkannte, mögliche, denkbare Risiken erfassen und dokumentieren
  Schritt 2 Höhe und Auswirkung des jeweiligen Risikos bewerten
  Schritt 3 Wahrscheinlichkeit des Eintritts des jeweiligen Risikos bestimmen
  Schritt 4 Risiko-Diagramm erstellen und Maßnahmen für vorab festgelegte Schwellwerte übersteigende Risiken planen, bewerten und terminieren

  o Arbeitsform
  Interdisziplinäre Teamarbeit

  o Ergebnis
  Kenntnis möglicher Risiken und der sinnhaften Präventionsmaßnahmen (Maßnahme incl. Aufwand, Terminierung)

  o Einsatz im **PEP**-$VR^{©}$
  Permanenter Prozess bis *Bestätigung Produkt-/ Prozess-Stabilität*

Änderungsmanagement (P)

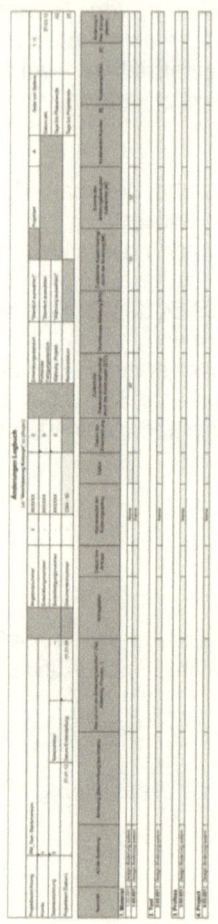

Abbildung 26 Änderungsmanagement – Änderungs-Log-Buch

- **Änderungsmanagement**

  o Ziel
  Änderungen an Produkten (Anforderungen, Gestaltung, Prozessen, ...) kontrolliert und dokumentiert vornehmen.

  o Vorgehen
  Schritt 1 Änderung mit Änderungsanforderung (Inhalt, Dringlichkeit, Wichtigkeit) beantragen.
  Schritt 2 Einfluss der beantragten Änderung auf Gesamt-, Teilsystem und Systemelemente ermitteln.
  Schritt 3 Änderungsaufwand (Ressourcenbedarf) erarbeiten.
  Schritt 4 Änderung planen, terminieren und Verantwortung übertragen; Konsequenzen bei Nicht-Genehmigung aufzeigen.
  Schritt 5 Änderung genehmigen und in Projektplan integrieren.

  o Arbeitsform
  Antragstellung - Einzelarbeit
  Entscheidung - interdisziplinäre Teamarbeit

  o Ergebnis
  Die Kenntnis notwendiger oder gewünschter und schließlich freigegebener Änderungen von Anforderungen an Produkt und Prozess, deren Auswirkungen (Ressourcenbedarf) und Terminierung.

  o Einsatz im **PEP-*VR*©**
  Detaillierungs-Phase bis EOP

Methoden zur Auswahl und systematischen Entscheidungsfindung

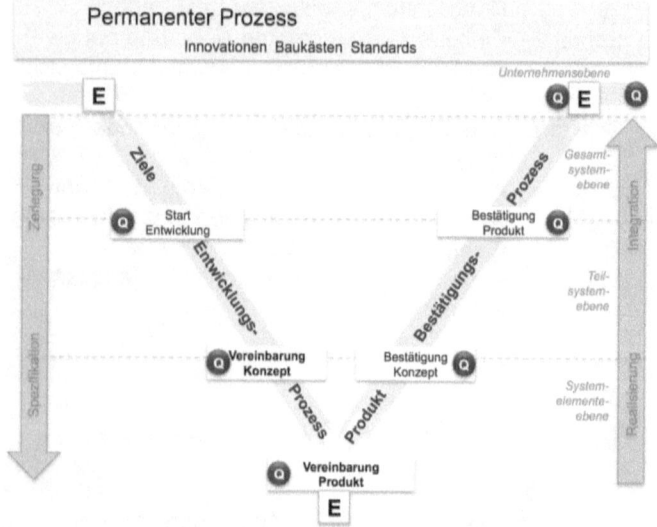

Abbildung 27 Methoden zur systematischen Entscheidungsfindung

Methoden zur Auswahl und systematischen Entscheidungsfindung

Am Weg von der Definition des Projektes über dessen Freigabe bis zur Bestätigung der Produkt/ Prozess-Stabilität sind an den Vereinbarungs- und Bestätigungs-Punkten und auch zwischen diesen immer wieder Entscheidungen zu treffen.

Wichtig, zumindest sinnvoll ist es, diese Entscheidungen orientiert an einem einmal festgelegten und akzeptierten Kriterienkatalog zu treffen. Damit werden die Entscheidungen nachvollziehbar und durch den Einsatz von Methoden wie bsph.

- Nutzwert-Analyse
- Entscheidungs-Vorbereitung (Q)

systematisch nachvollziehbar erarbeitet.

Die Methode *Vorgehensentscheidung* unterstützt den Anforderungs-, Ziele-Manager dabei, in das richtige Fach seines „Methoden-Werkzeugkastens" zu greifen und die interdisziplinäre Teamarbeit abzusichern und effizient voranzutreiben.

Vorgehensentscheidung (VG, Q)

Vorgehensentscheidung			
Projektname		Seite 1 von n	
Projektnummer		akt. Datum	06.11.12
Situation beschreiben	Handlungsbedarf zerlegen	Prioritäten festlegen	Vorgehen, Methoden bestimmen
			PA
			-
			-
			-

Abbildung 28 Vorgehensentscheidung - Template

- **Vorgehensentscheidung**
  (ähnlich Kepner-Tragoe)

  o Ziel
  Aktuell anstehende Aufgaben priorisieren und Methoden zu deren Bearbeitung festlegen.

  o Vorgehen
  Schritt 1   Handlungsbedarf aufzeigen.
  Welche Projekte/ Aufgabenpakete/ Aktivitäten erfordern Handeln?
  Schritt 2   Auf Herausforderungen konzentrieren.
  Herausforderungen in eindeutig voneinander abgegrenzte Umfänge trennen (Wechselwirkungen!!)
  Schritt 3   Prioritäten festlegen.
  Welche Herausforderung hat die größte Wirkung/ Wichtigkeit, welche die höchste Dringlichkeit und wie werden sich Wichtigkeit und Dringlichkeit entwickeln
  Schritt 4   Vorgehen und Methode festlegen.
  Ist die Ursache eines Problems zu ermitteln - PA
  Ist eine Entscheidung vorzubereiten - EV
  Ist ein Vorgehen abzusichern - VG

  o Arbeitsform
  Interdisziplinäre Teamarbeit; Einzelarbeit zur persönlichen Vorgehensplanung möglich

  o Ergebnis
  Das Vorgehen und die effizienteste Methode zur Bewältigung der anstehenden Aktivitäten ist nachvollziehbar festgelegt.

  o Einsatz im **PEP**-*VR*©
  Permanenter Prozess bis Bestätigung Produkt-/ Prozess-Stabilität

Nutzwertanalyse (Q)

Nutzwertanalyse					
Projektname			Seite 1 von 1		
Projektnummer			akt. Datum		06.11.12

Kriterien/ Systemeigenschaften	Gewicht [%]	Alternative 1 Erfüllung 10.. sehr gut 1 ... mangelhaft	Alternative 2 Erfüllung 10.. sehr gut 1 ... mangelhaft	Bemerkung
Nutzwert ∑G*E [PKT]	**100**			

Abbildung 29 Nutzwertanalyse - Template

- Nutzwertanalyse

  o Ziel
  Alternativen darstellen und deren Ziel-Erfüllung orientiert an vorab festgelegten Kriterien vergleichen und bewerten.

  o Vorgehen
  Schritt 1 Bewertungs-Kriterien (k.o.-, Soll-) festlegen.
  Schritt 2 Gewicht (G) der Soll-Kriterien bestimmen
  ($\sum$ aller Gewichte =100%)
  Schritt 3 Erfüllung (E) der Kriterien durch die jeweilige Alternative bestimmen.
  (10 .. sehr gut, 1 .. mangelhaft)
  Schritt 4 Summenprodukt $\sum$ G*E für die jeweilige Alternative bilden → Reihung der Alternativen.
  Schritt 5 Konsistenz des Ergebnisses durch Sensitivitätsanalyse - gezieltes Verändern der Gewichte – überprüfen.

  o Arbeitsform
  Interdisziplinäre Teamarbeit

  o Ergebnis
  Kenntnis darüber, welche Alternative nachvollziehbar die für die Anspruchsgruppen vorteilhafteste ist.
  Die Entscheidung basiert auf dem Vergleich gewichteter, nicht- monetärer Bewertungsfaktoren.

  o Einsatz im **PEP**-*VR*©
  Permanenter Prozess bis Bestätigung Produkt-/ Prozess-Stabilität

Entscheidungs-Vorbereitung (EV, Q)

Entscheidungs-Vorbereitung				
Projektname			Seite 1 von 1	
Projektnummer			akt. Datum	06.11.12
Mussziele *(bsph. aus Auftrag Projekt)*		Alternative 1		Alternative 2	
		erfüllt ja /nein		erfüllt ja /nein	
		ja			
Wunsch- / SOLLziele *(bsph. aus Auftrag Projekt)*	**Gewicht 1 - 10** *(bsph. aus Paarvergleich)*	Erfüllung 10.. sehr gut 1 ... mangelhaft		Erfüllung 10.. sehr gut 1 ... mangelhaft	
Kriterium 1	9	7			
Gesamterfüllung [PKT]		63		0	
Risiko		Wahrscheinlichkeit	Auswirkung bei Eintritt	Wahrscheinlichkeit	Auswirkung bei Eintritt
Bruch bei Belastung > 20kN		3	4	0	0
		0	0	0	0
		0	0	0	0
		0	0	0	0
Risikozahl [PKT]		12		0	
Minimierungsmaßnahmen		Investbedarf [€]	Risikozahl neu [PKT]	Investbedarf [€]	Risikozahl neu [PKT]
Testreihe		10.000	8		
Ergebnis					
Gesamterfüllung opt. [PKT]		80			
Risikozahl neu [PKT]		8			
Investbedarf [€]		10000		0	

Abbildung 30 Entscheidungs-Vorbereitung - Template

- **Entscheidungs-Vorbereitung**
  (ähnlich Kepner –Tregoe)

  o Ziel
  Alternativen darstellen und deren Ziel-Erfüllung orientiert an vorab festgelegten Kriterien vergleichen und bewerten.

  o Vorgehen
  Schritt 1 Ziel der EV festlegen.
  Schritt 2 Muss-Ziele erarbeiten/ übernehmen.
  Schritt 3 Wunsch-Ziele erarbeiten/ übernehmen.
  Schritt 4 Wunsch-Ziele gewichten/ übernehmen.
  Schritt 5 Alternativen den Zielen zuordnen.
  Schritt 6 Erfüllung der Muss-Ziele (J/N) ermitteln.
  Wird ein Muss-Ziel nicht erfüllt schiedet die Alternative aus dem Bewertungsverfahren aus.
  Schritt 7 Erfüllung der Wunsch-Ziele ermitteln.
  Skalierung 10 .. sehr gut, 1 .. mangelhaft erfüllt;
  Summen-Produkt aus Gewicht x Erfüllung der Wunschziele je Alternative ermitteln
  Schritt 8 Risiken der Alternativen und deren Tragweite erarbeiten.
  Schritt 9 Maßnahmen zur Risiko-Minimierung festlegen und bewerten.
  Schritt 10 Zu entscheidende Alternative bestimmen

  o Arbeitsform
  Interdisziplinäre Teamarbeit; Beteiligung von Anspruchsgruppen sinnvoll

  o Ergebnis
  Die, auf Grund des Grades an Ziel-Erfüllung weiter zu verfolgende Alternative liegt ausgewählt zur Entscheidung vor.

  o Einsatz im **PEP**-*VR*©
  Permanenter Prozess bis Bestätigung Produkt-/ Prozess-Stabilität

Methoden zur Absicherung erarbeiteter Ergebnisse

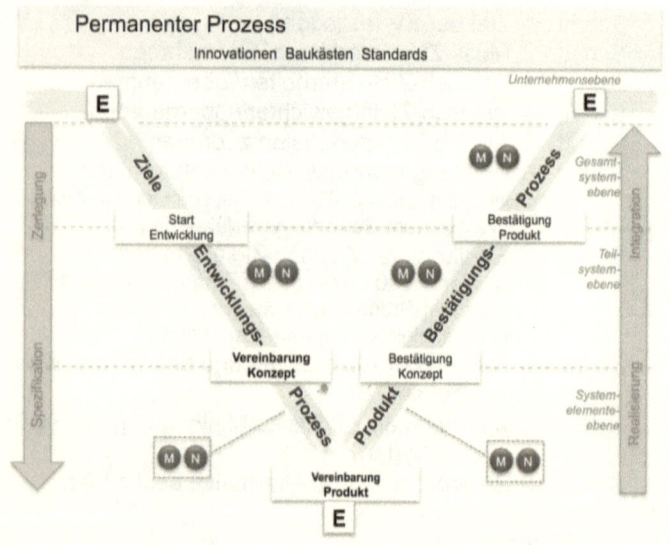

Abbildung 31 Methoden zur Absicherung erarbeiteter Ergebnisse

Methoden zur Absicherung erarbeiteter Ergebnisse

Mit Beginn der Erarbeitung des Konzeptes sind die (Zwischen-)Ergebnisse systematisch auf Fehler, Optimierungs-Notwendigkeit und -Chancen zu untersuchen. Ziel dieser Aktivitäten ist es möglichst zeitnah gegen zu steuern und potenzielle Fehler, Veränderungsbedarf und Optimierungs-Chancen rechtzeitig zu erkennen und so Verschwendung und Versagen zu unterbinden.

Zu diesem Zweck eingesetzte Methoden sind bsph:

- Design for Manufacturing and Assembly (DFM, DFA, M)
- Failure Mode and Effect Analysis (FMEA, N) in den Ausprägungen System-, Design-, Prozess-Analyse

Design for Manufacture & Assembly (DFM/ DFA, M)

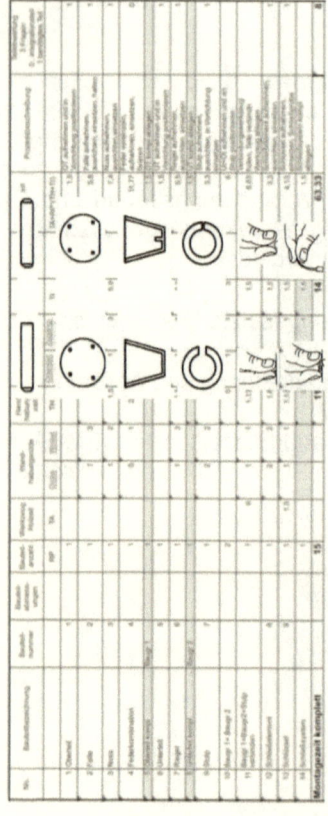

Abbildung 32 Design for Manufacture & Assembly - Template und Optimierungsvorschläge

- **Design fo Manufacture & Assembly (DFMA)**

  o Ziel
  - *Design for Assembly:* Produkte bereits in den frühen Phasen des PEP so zu gestalten, dass sie mit minimalem Montageaufwand bei gleichzeitig minimalen Herstellkosten realisiert werden.
  - *Design for Manufacture*: Fertigungsgerechte Gestaltung unter Berücksichtigung der Kosten für die Herstellung von Teilen, der Herstellprozesse sowie der Werkzeugkosten.

  o Vorgehen
  DFA kennt drei Kriterien zur Bewertung von Teilen
  - **Frage 1:** Führt das Bauteil während des Betriebes Bewegungen relativ zu anderen, bereits montierten aus?
  - **Frage 2:** Ist es erforderlich, das Bauteil aus einem anderen Material als bereits montierte herzustellen oder muss es von diesen isoliert werden?
  - **Frage 3:** Ist es erforderlich, das Bauteil von allen bereits montierten zu trennen, da weitere Montage- oder Demontageschritte sonst nicht möglich sind?
  → Werden alle Fragen mit **NEIN** beantwortet, ist das **Bauteil entbehrlich**, seine Funktion wird in ein anderes bereits vorhandenes und als nötig bewertetes Bauteil integriert.

  o Arbeitsform
  Interdisziplinäre Teamarbeit; Referenzkataloge als Unterstützung der Bewertung sinnvoll

  o Ergebnis
  Kennwerte, die Aufschlüsse darüber geben, wie einfach oder schwierig Lösungen herstellbar sind, ergänzt mit Informationen über Kosten, Zeiten sowie Qualitätswerte für Verbesserungen.

  o Einsatz im **PEP**-*VR*$^©$
  Initial-Phase bis *Bestätigung Produkt*

Failure Mode and Effect Analysis
(FMEA, System-, Design-, Process-; N)

Schwere –
Auswirkung auf
den Kunden

- 1 ... kaum wahrnehmbare Auswirkung
- 2 – 3 ... sehr geringe Belästigung der Kunden
- 7 – 8 ... große Verärgerung beim Kunden
- 9 – 10 ... Personenschaden oder schwere wirtschaftliche Folgen

Auftreten –
Wahrscheinlichkeit des
Auftretens des
Fehlers

- 1 ... sehr gering
- 2 – 3 ... gering
- 4 – 6 ... mäßig
- 7 – 8 ... hoch
- 9 – 10 ... sehr hoch

Entdeckung
Wahrscheinlichkeit der
Entdeckung
des Fehlers

- 1 ... sehr hoch
- 2 – 3 ... hoch
- 4 – 6 ... mäßig
- 7 – 8 ... gering
- 9 – 10 ... Unwahrscheinlich

Risiko Zahl
Maßnahmen
sind
einzuleiten,
wenn

- RZ > 125 Punkte
- S > 8 Punkte Unzuverlässiger Systemzustand
- A > 8 Punkte Fehler mit extrem großer Häufigkeit
- E > 8 Punkte Nicht/ schwer entdeckbarer Fehler

Abbildung 33 Failure Mode and Effect Analysis - Template

- **Failure Mode and Effect Analysis (FMEA)**

  o Ziel
  Potentielle Fehler - Fehlermöglichkeiten, Fehlerfolgen, Fehlerursachen - aufzeigen, daraus resultierende Risiken bewerten und minimierende Maßnahmen festlegen.
  FMEA-Arten, Betrachtungsumfang und Ziele:
  - System-: Zusammenwirken einzelner Teilsysteme
    → funktionierendes (Gesamt-)System
  - Konstruktions-: Teilsysteme und Systemelemente
    → einwandfreier Entwurf
  - Prozess-: Fertigungs- und Montageprozess
    → einwandfreie Prozesse/ Pläne

  o Vorgehen
  Schritt 1 FMEA-Art wählen und Vorgehen planen.
  Schritt 2 Funktionen der Elemente entsprechend FMEA-Art festlegen.
  Schritt 3 Pot. Fehlerarten und -ursachen erarbeiten.
  Schritt 4 Schwere (S), Entdeckungs-(E) und Auftretens- (A) Wahrscheinlichkeit beschreiben.
  Schritt 5 Schwere (S), Entdeckungs-(E) und Auftretens- (A) Wahrscheinlichkeit bewerten.
  Schritt 6 Risikozahl RZ=$\sum$ S*E*A bilden.
  Schritt 7 Risikobaustellen RZ > Grenzwert und Maßnahmen zur Minimierung erarbeiten.
  Schritt 8 Maßnahmen terminieren, Verantwortliche bestimmen.

  o Arbeitsform
  Interdisziplinäre Teamarbeit; mit Matrizen unterstützt

  o Ergebnis
  Maßnahme zur Minimierung von Fehlern und Risiken entsprechend FMEA-Art (Arten siehe oben)

  o Einsatz im **PEP**-$VR^{©}$
  Strategie-Phase bis *Bestätigung Produkt-/ Prozess-Stabilität*

Problem-Analyse (PA, N)

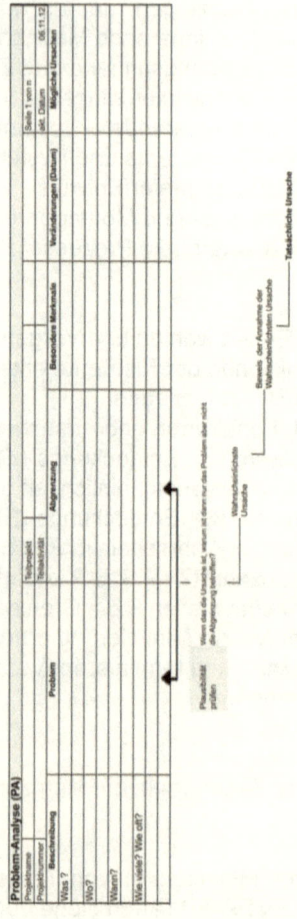

Abbildung 34 Problem-Analyse (PA) - Template

- **Problem-Analyse**
  (ähnlich Kepner-Tragoe)

  o Ziel
  Kenntnis, welche Ursache der Auslöser eines Problems ist.

  o Vorgehen
  Schritt 1   Untersuchungsumfang abgrenzen, Vorgehen planen.
  Schritt 2   Problem beschreiben – Was, Wo, Wann, ..
  Schritt 3   Abgrenzung beschreiben – Was, Wann, ..
  Schritt 4   Differenzierung von Abgrenzung und Problem dokumentieren.
  Schritt 5   Zeitpunkt der Veränderung definieren.
  Schritt 6   Mögliche Ursachen der Veränderung erarbeiten und auf Plausibilität untersuchen.
  Schritt 7   Wahrscheinlichste Ursache und Beweise für diese Annahme herausarbeiten.
  Schritt 8   Tatsächliche Ursache basierend auf Schritt 7 erkennen.

  o Arbeitsform
  Interdisziplinäre Teamarbeit; mit Matrix unterstützt

  o Ergebnis
  Maßnahmen zur Vermeidung des Problems festlegen und deren Umsetzung monitoren.

  o Einsatz im **PEP-**$VR^{©}$
  Strategie-Phase bis *Bestätigung Produkt-/ Prozess-Stabilität*

Vorgehens-Absicherung (VA, N)

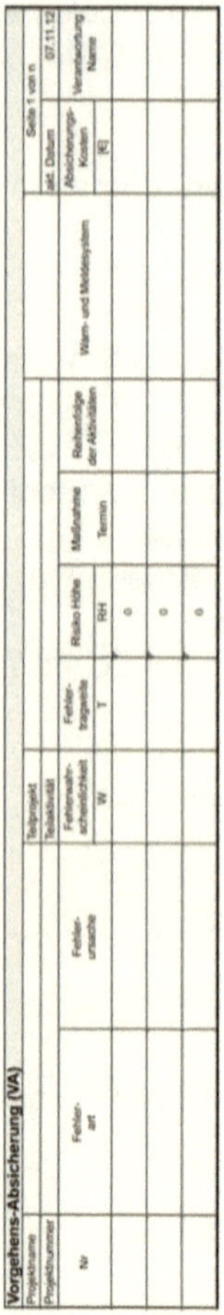

Tragweite –
Auswirkung auf den Kunden
- 1 ... kaum wahrnehmbare Auswirkung
- 2 – 3 ... sehr geringe Belästigung des Kunden
- 4 – 6 ... geringe Belästigung des Kunden
- 7 – 8 ... große Verärgerung beim Kunden
- 9 – 10 ... Nachhaltige Verärgerung - Personenschaden

Wahrscheinlichkeit –
Wahrscheinlichkeit des Fehlers
- 1 ... unwahrscheinlich
- 2 – 3 ... gering
- 4 – 6 ... mäßig
- 7 – 8 ... hoch
- 9 – 10 ... sehr hoch

Risiko Höhe
– Maßnahmen sind einzuleiten, wenn
- RH > 25 Punkte
- W > 8 Punkte Unzuverlässiger Systemzustand
- T > 8 Punkte Fehler mit Kundenwirkung

Abbildung 35 Vorgehens-Absicherung - Template

- **Vorgehens-Absicherung**
  (ähnlich Kepner-Tragoe)

  o Ziel
  Kenntnis, welche Maßnahmen ergriffen werden müssen, wenn ein vereinbarter Zustand nicht oder unzulänglich erreicht wird.

  o Vorgehen
  Schritt 1   Untersuchungsumfang abgrenzen, Vorgehen planen.
  Schritt 2   Pot. Abweichungen/ Fehler erkennen.
  Schritt 3   Mögliche Ursachen für die Abweichung /den Fehler erarbeiten.
  Schritt 4   Tragweite (T) und Wahrscheinlichkeit (W) der Abweichung/ des Fehler ermitteln.
  Schritt 5   Risikohöhe $RH=\sum T*W$ ermitteln.
  Schritt 6   Risikobaustellen RH>Grenzwert und Maßnahmen zu deren Minimierung erarbeiten.
  Schritt 7   Maßnahmen aus Schritt 6 bewerten, priorisieren und Verantwortliche für deren Realisierung festlegen.

  o Arbeitsform
  Interdisziplinäre Teamarbeit; mit Matrizen unterstützt

  o Ergebnis
  Meldewege und Maßnahmen incl. Verantwortlichkeiten bei Abweichungen oder Fehlern sind vereinbart.

  o Einsatz im **PEP**-*VR*$^©$
  Strategie-Phase bis *Bestätigung Produkt-/ Prozess-Stabilität*

Werkzeuge zur Unterstützung oder Ergänzung der **PEP**-VR© Methoden

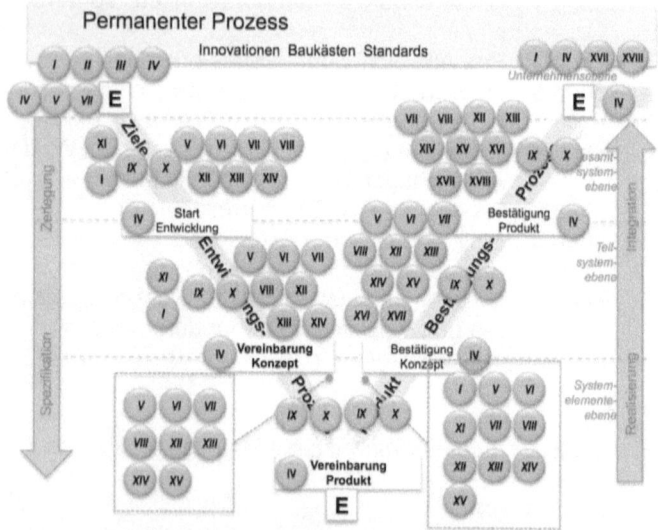

Abbildung 36 Werkzeuge zur Unterstützung/ Ergänzung der **PEP**-VR© Methoden

Werkzeuge zur Unterstützung oder Ergänzung der **PEP**-*VR*© Methoden

Die, in ihren Zielen, im Vorgehen, in ihren Arbeitsformen und mit diesen zu erzielenden Ergebnissen beschriebenen Methoden zur Produkt- und Prozessgestaltung können diskret oder vernetzt mit anderen Methoden und Werkzeugen im Rahmen der Projektarbeit genutzt werden.

Werkzeuge können im Rahmen der Projektarbeit eigenständig eingesetzt werden oder sie werden genutzt um Methoden zu unterstützen und helfen Ergebnisse zu generieren oder abzusichern.

Im Folgenden werden einige erprobte und breit anwendbare Werkzeuge als Unterstützung / Ergänzung von Methoden oder zum eigenständigen Einsatz in Projekten aufgezeigt.

Benchmark (I)

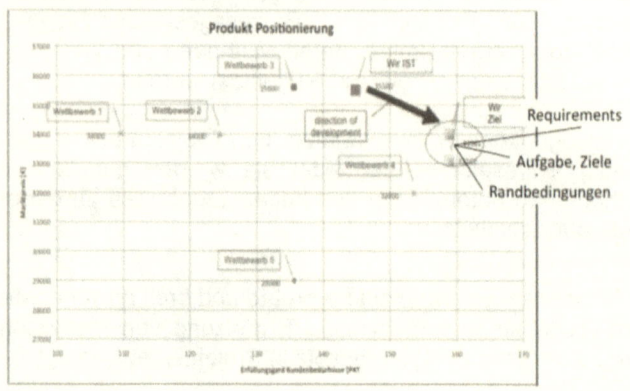

Abbildung 37 Benchmark – Wettbewerbs-Portfolio Grafik

- **Benchmark**

  o Ziel
  Wettbewerbs- und eigene Produkte orientiert an technischen und marktrelevanten Kriterien charakterisieren.

  o Vorgehen
  Schritt 1 Umfang festlegen, Vorgehen planen.
  Schritt 2 Kriterienkatalog erstellen, Kriterien gewichten.
  Schritt 3 Wettbewerbs- und eigenes Produkt festlegen.
  Schritt 4 Den Erfüllungsgrad (E) der Kriterien durch die zu vergleichenden Produkte ermitteln.
  Skala 10 ..sehr gut, 1 .. mangelhaft
  Schritt 5 Erkenntnisse und Handlungsbedarf aus dem Vergleich ableiten und Maßnahmen festlegen.
  fakultativ
  Schritt 6 Gesamterfüllung je Produkt $\sum W*E$ ermitteln
  Schritt 7 Wettbewerbs-Portfolio durch Kombination von Gesamterfüllung (horizontale Achse) und Marktpreis (vertikale Achse) erstellen.
  Schritt 8 Position des geplanten Produktes im Wettbewerbs-Portfolio festlegen.

  o Arbeitsform
  Interdisziplinäre Teamarbeit; Teilnahme von Anspruchsgruppen sinnvoll; Fragenkatalog

  o Ergebnis
  Stärken/ Schwächen des Wettbewerbs- und eigenen Produktes und resultierenden Handlungsbedarf kennen.

  o Unterstützt/ ergänzt Methode(n) und Werkzeug(e):
  QFD, VA/VE, EV (Kriterien)

  o Einsatz im **PEP-*VR*$^©$**
  Permanenter Prozess, Strategie- bis Initialphase, Erstellungs-Phase, Bestätigung Produkt-/Prozess-Stabilität

ABC-Analyse – Pareto-Analyse (II)

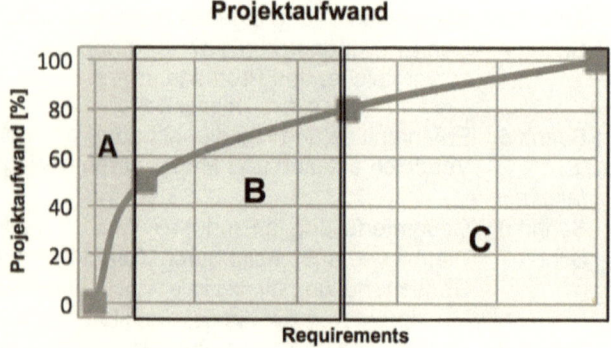

Abbildung 38 ABC-Analyse - Grafik

- **ABC-Analyse/ Pareto-Analyse**

    o Ziel
    Den Einfluss von Teilmengen auf eine definierte Kenngröße bewerten.

    o Vorgehen
    Schritt 1   Umfang und Vorgehen festlegen.
    Schritt 2   Bewertungspartner festlegen bsph. Aufwand / Anzahl Teile, ..
    Schritt 3   Bewertung durchführen.
    Schritt 4   Ergebnis grafisch aufbereiten.
    Erkenntnisse/ Maßnahmen dokumentieren.

    o Arbeitsform
    Einzelarbeit, Gruppenarbeit möglich

    o Ergebnis
    Entwicklung von Handlungsstrategien basierend auf den erarbeiteten Daten

    o Unterstützt/ ergänzt Methode(n) und Werkzeug(e)
    Eigenständiges Werkzeug

    o Einsatz im **PEP-*VR*$^©$**
    Permanenter Prozess

Auswahl Projekt (III)

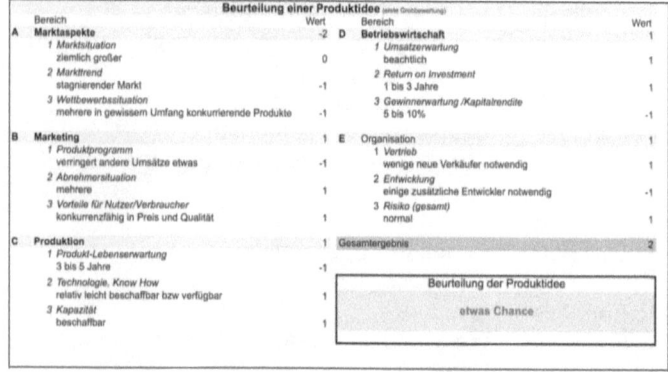

Abbildung 39 Beurteilung Produktidee - Template

- **Auswahl Projekt – Beurteilung Produktidee**

  o Ziel
  Überblickartige Bewertung einer Produktidee auf deren Chancen als Basis für die Definition eines Projektes

  o Vorgehen
  Produktidee an Hand definierter Bereiche mit dort hinterlegten Kriterien bewerten.
  Der Auswertealgorithmus signalisiert die Chancen am Markt – Projektwürdigkeit.

  o Arbeitsform
  Interdisziplinäre Teamarbeit; Bewertungstemplate

  o Ergebnis
  Projektempfehlung basierend auf Chancen und Risiken in den Bewertungsfeldern und daraus abgeleitetem Handlungsbedarf

  o Unterstützt/ ergänzt Methode(n) und Werkzeug(e)
  Eigenständiges Werkzeug

  o Einsatz im **PEP-**$VR^{©}$
  Permanenter Prozess

Bewertung der Projektrentabilität (IV)

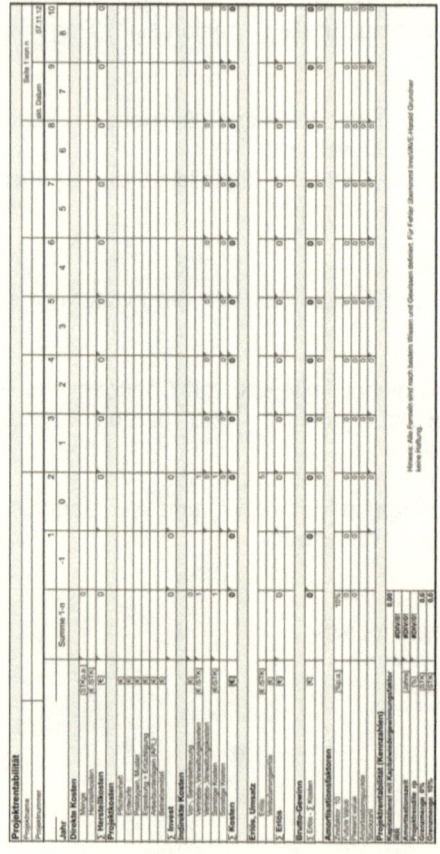

Abbildung 40 Projektrentabilität - Template

- Projektrentabilität

  o Ziel
  Vorschau auf die wichtigsten betriebswirtschaftlichen Daten und daraus abgeleitet auf die Rentabilität eines Projektes.

  o Vorgehen
  Schritt 1 Umfang und Vorgehen planen.
  Schritt 2 Betrachtungszeitraum (5 - 8 -10 J) festlegen.
  Schritt 3 Kosten entsprechend Kostenarten und deren Entwicklung über den Betrachtungszeitraum erarbeiten.
  Schritt 4 Mengen und deren Entwicklung über den Betrachtungszeitraum erarbeiten.
  Schritt 5 Erlöse und deren Entwicklung über den Betrachtungszeitraum erarbeiten.
  Schritt 6 Zinsfaktor entsprechend Unternehmensfestlegung eintragen.
  Schritt 7 Ergebnisse auswerten, Handlungsbedarf festlegen und in Projektplanung integrieren.

  o Arbeitsform
  Interdisziplinäre Teamarbeit; Bewertungsmatrix

  o Ergebnis
  Überblick über die antizipierten Einnahme- und Ausgabeströme, Return on Investment, Rendite eines Produktes vom Start der Entwicklung bis zu dessen Herausnahme aus dem Markt.

  o Unterstützt/ ergänzt Methode(n) und Werkzeug(e)
  Eigenständiges Werkzeug

  o Einsatz im **PEP**-VR©
  Permanenter Prozess bis Bestätigung Produkt-/ Prozess-Stabilität

Analyse von Beeinflussungen (V)

Nahtstellenanalyse					
Projektname				Seite 1 von n	
Projektnummer				akt. Datum	07.11.12
Wirkung von \ auf	Projekt 1	Projekt x	0	0	Projekt n
Projekt 1		erkannte Wirkungen von Projekt 1 auf Projekt x			
Projekt x	erkannte Wirkungen von Projekt x auf Projekt 1				
Projekt n					

Wechselwirkungen Analyse					
Projektname				Seite 1 von n	
Projektnummer				akt. Datum	07.11.12
Kriterium 1	Kriterium 2	Kriterium 3	Kriterium 4	Kriterium 5	Kriterium 6
	2	0	0	0	0
		0	0	0	0
			0	0	0
				0	0
					0

Kriterium 1 wirkt auf Kriterium n

stark ... 3
mäßig ... 2
gering ... 1
nicht ... 0

Abbildung 41 Analyse von Beeinflussungen - Templates

- **Analyse von Beeinflussungen**

  o Ziel
  Wechselwirkungen zwischen unterschiedlichen Kriterien aufzeigen.

  o Vorgehen
  Schritt 1 Umfang und Vorgehen planen.
  Schritt 2 Bewertungskriterien bsph. Projekte, Kriterien, Systemelemente festlegen.
  Schritt 3 Bewertungsart – qualitativ beschreibend oder quantitativ – festlegen.
  Schritt 4 Wechselwirkungen erarbeiten und bewerten
  Schritt 5 Analyse auswerten und Handlungsbedarf festlegen.

  o Arbeitsform
  Interdisziplinäre Teamarbeit; Bewertungsmatrix

  o Ergebnis
  Kenntnis von Wechselwirkungen, deren Einfluss und des Handlungsbedarfes zu deren Gestaltung

  o Unterstützt/ ergänzt Methode(n) und Werkzeug(e)
  Eigenständiges Werkzeug; Quality Function Deployment

  o Einsatz im **PEP**-*VR*©
  Permanenter Prozess bis *Bestätigung Produkt-/ Prozess-Stabilität*

Morphologisches Tableau (VI)

Ideenklasse	1	1	1	2	2	2	1	1
Idee Eigenschaft / Funktion	Idee A1	Idee A2	Idee B1	Idee B2	Idee B3	Idee N1	Idee O1	Idee O2
Eigenschaft 1		x	x	x			x	
Eigenschaft 2		x	x	x				
Eigenschaft 3		x						
Eigenschaft 4		x	x					x
Eigenschaft ..								x
Eigenschaft ..			x					x
Eigenschaft ..	x	x	x	x	x	x	x	
Eigenschaft ..			x					x
Eigenschaft ..		x	x					
Eigenschaft ..		x	x	x				
Eigenschaft n			x					

Lösung 1 Baukasten   Lösung 2 ohne Rahmen   Lösung 3 Optimierung Detail

Abbildung 42 Morphologisches Tableau – Anwendung Ideenspeicher

- Morphologisches Tableau („Baukasten")

  o Ziel
  „Baukasten" mit dem Ziel durch Kombination unterschiedlicher „Bausteine" alternativ Lösungen zu generieren.

  o Vorgehen
  Schritt 1 Umfang und Vorgehen planen.
  Schritt 2 Ordnungskriterien des „Baukastens" festlegen.
  d.h. horizontale und vertikale Achse definieren
  bsph. Ideen vs. Eigenschaften
  Schritt 3 „Baukasten" mit „Bausteinen" füllen.
  bsph. Ideen, Prozessschritte
  Schritt 4 Bausteine zu alternativen Lösungen kombinieren.
  Schritt 5 Alternative Lösungen priorisieren und Handlungsbedarf aufzeigen.

  o Arbeitsform
  Interdisziplinäre Teamarbeit, Einzelarbeit möglich

  o Ergebnis
  Baukasten mit einer Vielzahl von Lösungs-Bausteinen für zukünftige Aufgaben Lösungsalternativen, deren Prioritäten und der zu deren weiteren Konkretisierung benötigte Handlungsbedarf ist beschrieben.

  o Unterstützt/ ergänzt Methode(n) und Werkzeug(e)
  Eigenständiges Werkzeug; Kreativitätstechniken

  o Einsatz im **PEP**-*VR*$^{©}$
  Innovations-, Baukastenmanagement
  Permanenter Prozess bis Bestätigung Produkt-/ Prozess-Stabilität

Ressourcenplanung (Plan /Ziel, VII)

Arbeitspaket Personal- und Kostenplanung								
Projektname			Teilprojekt			Seite 1 von n		
Projektnummer			Teilaktivität			akt. Datum		07.11.12
Kategorie		Zeitperiode (Woche, Monat, Phase, ... ab Start)						Summe
		1	2	3	4	5	10	
Personalaufwand [MT]	Management, Administration	20						20
	Konstruktion, Entwicklung							0
	Qualitätssicherung, Test							0
	Fertigung							0
								0
	Σ Personalaufwand [MT]	20	0	0	0	0	0	20
Personalkosten [€/MT]	Management, Administration	100	2.000	0	0	0	0	0	2.000
	Konstruktion, Entwicklung	0	0	0	0	0	0	0	0
	Qualitätssicherung, Test	0	0	0	0	0	0	0	0
	Fertigung	0	0	0	0	0	0	0	0
		0	0	0	0	0	0	0	0
	Σ Personalkosten [€]		2.000	0	0	0	0	0	2.000
Sonstige Kosten [€]	Material				50.000				50.000
	Externe Leistungen								0
	Verpackung, Transport								0
	Reisen								0
									0
	Σ Sonstige Kosten [€]		0	0	50.000	0	0	0	50.000
Gesamtkosten [€] Projekt / Phase			2.000	0	50.000	0	0	0	52.000

Abbildung 43 Ressourcenplanung – Personal, Kosten

- **Ressourcenplanung (Plan-/ Ziel-Abgleich)**

  o Ziel
  Bedarf an Personal und Anfall von Kosten in unterschiedlichen Projekt-Perioden erfassen und darstellen.

  o Vorgehen
  Schritt 1   Umfang und Vorgehen planen.
  Schritt 2   Erfassungskriterien und Grenzwerte festlegen bsph. Personaleinsatz, -kosten, Sachkosten und Projekt-Perioden.
  Schritt 3   Werte der Kriterien für die jeweiligen Projekt-Perioden antizipieren; ggf. Einhaltung von Grenzwerten prüfen.
  Schritt 4   Handlungsbedarf zur Umsetzung der Planung formulieren und in die Projektplanung integrieren.
  Schritt 5   Ist-Werte entsprechend den festgelegten Projekt-Perioden erfassen.
  Schritt 6   Plan-/ Ziel-Abgleich durchführen, ggf. Abweichungen und Handlungsbedarf zur Einhaltung der Planung aufzeigen und in Projektplanung eingliedern.

  o Arbeitsform
  Interdisziplinäre Teamarbeit - Erstellung und Auswertung
  Erfassung und Pflege – Einzelarbeit

  o Ergebnis
  Übersicht über den für ein Projekt benötigten Ressourcenbedarf (Personal, Sach, ..) je Bewertungsperiode in Plan-/ und Ziel-Werten

  o Unterstützt/ ergänzt Methode(n) und Werkzeug(e)
  Projektrentabilität

  o Einsatz im **PEP**-*VR*$^©$
  Permanenter Prozess bis *Bestätigung Produkt-/ Prozess-Stabilität*

Kosten- /Nutzen-Analyse (VIII)

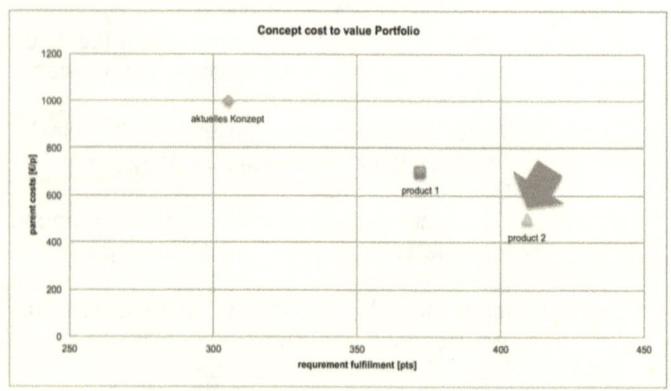

Abbildung 44 Kosten-/Nutzen Analyse - Grafik

- **Kosten-/Nutzen-Analyse (Portfolio-Technik)**

  o Ziel
  Auswahl von Lösungs- oder Handlungsalternativen. Die Bewertung erfolgt orientiert an monetär quantifizierten Kriterien.

  o Vorgehen
  Schritt 1 Untersuchungsumfang festlegen und planen.
  Schritt 2 Bewertungskriterien und Messgrößen festlegen.
  Schritt 3 Bewertung durchführen.
  Schritt 4 Ergebnis auswerten und Handlungsbedarf in Projektplanung integrieren.

  o Arbeitsform
  Interdisziplinäre Teamarbeit

  o Ergebnis
  - Allgemein
    Die Kriterien liegen quantifiziert bewertet und grafisch aufbereitet in Form eines 2 bzw. 3 dimensionalen Portfolios als Basis für eine benötigte Entscheidung vor.
  - Kosten-/Nutzen-Analyse
    Kosten und Nutzen liegen in der Messgröße "Geld" rechnerisch bewertet vor.

  o Unterstützt/ ergänzt Methode(n) und Werkzeug(e)
  Entscheidungstechnik; Visualisierung vergleichender Darstellungen

  o Einsatz im **PEP**-*VR*©
  Permanenter Prozess bis *Bestätigung Produkt-/ Prozess-Stabilität* (in der Regel an Entscheidungspunkten)

Teamarbeit (IX)

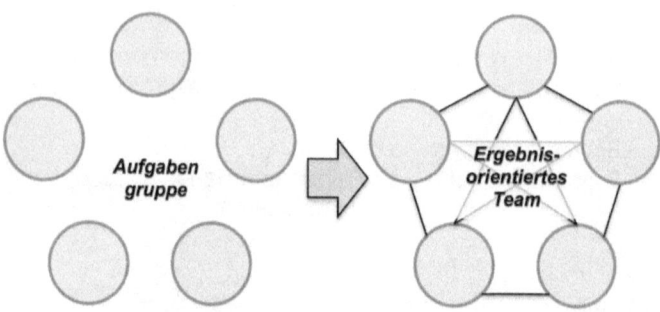

Abbildung 45 Teamarbeit – Teamentwicklung und -sphasen

- **Teamarbeit**

  o Ziel
  Bewältigung von Aufgaben durch eine hinsichtlich der Aufgabenstellung autonom agierenden und leistungsorientierten Gruppe.

  o Vorgehen
  Schritt 1 Aufgabenstellung der Gruppe festlegen.
  Schritt 2 Gruppe aus den zur Bewältigung der Aufgabe benötigten Ressourcen zusammensetzen.
  Schritt 3 Kompetenzen und Pflichten an die Gruppe übertragen.
  Schritt 4 Aufgabenstellung an die Gruppe übertragen, diskutieren /ggf. anpassen und Komittment dazu von den Teammitgliedern erzielen.
  Schritt 5 Ergebnisse – Zwischen-, End-, vom Arbeitsteam einfordern. Empfohlene und /oder benötigte Entscheidungen treffen.
  Schritt 6 Arbeitsteam nach Übernahme des Ergebnisses von Aufgabe entlasten.

  o Arbeitsform
  Die Gruppe ist aufgabenspezifisch zusammengesetzt und vom Auftraggeber mit den für die Aufgabenbewältigung benötigten Befugnissen ausgestattet.

  o Ergebnis
  Gemeinsam von der Gruppe erarbeitete und vertretene Ergebnisse. Dies reduziert bsph „Reibungsverluste" im Rahmen der Umsetzung der Ergebnisse.

  o Unterstützt/ ergänzt Methode(n) und Werkzeug(e)
  Alle Methoden, deren Bearbeitung in einem interdisziplinär zusammengesetzten Team sinnvoll ist

  o Einsatz im PEP-VR©
  Permanenter Prozess bis *Bestätigung Produkt-/ Prozess-Stabilität*

Moderationsmethode (X)

- **Moderationsmethode**

  o Ziel
  Ziel- und handlungsorientiertes Lösen komplexer Aufgaben in einer Gruppe durch Nutzen des kreativen und fachlichen Potentials aller Beteiligten.

  o Vorgehen
  Schritt 1 Untersuchungsumfang festlegen und planen.
  Schritt 2 Moderator (Leitungsinstanz) bestimmen.
  Schritt 3 Aufgabe ggf. in diskrete Elemente strukturieren und Struktur visualisieren.
  Schritt 4 Aspekte, Ideen zu den einzelnen Elementen erarbeiten und visualisieren.
  Schritt 5 Aspekte, Ideen zu Lösungsansätzen für die Aufgabenstellung kombinieren und bewerten.
  Schritt 6 Zielführendste Kombination auswählen; Handlungsbedarf ableiten und in die Projektplanung integrieren.

  o Arbeitsweise
  Aufgabenspezifisch zusammengesetztes - interdisziplinäres Arbeitsteam; Strukturierungsmethode /-material

  o Ergebnis
  Sachliche und effiziente Ergebnisse sowie die hohe Identifikation der teilnehmenden Personen mit der Lösung.

  o Unterstützt/ ergänzt Methode(n) und Werkzeug(e)
  Teamarbeit; Projektdokumentation und –fortschritt

  o Einsatz im **PEP-***VR*©
  Permanenter Prozess bis Bestätigung Produkt-/ Prozess-Stabilität

Paarweiser Vergleich (unvollständiger, XI))

Paarweiser Vergleich (unvollständiger)					
Projektname		Seite 1 von n			
Projektnummer			akt. Datum		08.11.12
----▶	Kriterium 1	Kriterium 2	0	0	Kriterium n
Kriterium 1		-1	-1	-1	-1
Kriterium 2	1		-1	-1	-1
	1	1		-1	-1
	1	1	1		-1
Kriterium n	1	1	1	1	
Summe [PKT]	4	2	0	-2	-4
Wertigkeit [PKT]	9	7	4	2	1

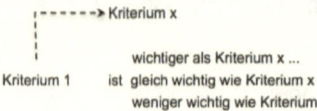

Kriterium 1 — wichtiger als Kriterium x ...
ist gleich wichtig wie Kriterium x
weniger wichtig wie Kriterium

Abbildung 46 Paarweiser Vergleich – Template und Kriterien

- Paarweiser Vergleich (unvollständiger)

  o Ziel
  Wertigkeit von Kriterien bsph. Subsystemen, Eigenschaften kennen.

  o Vorgehen
  Schritt 1   Untersuchung und Vorgehen planen.
  Schritt 2   Systemelemente für den Vergleich festlegen.
  Schritt 3   Systemelemente vergleichen.
  Skala 1 .. wichtiger, 0 .. gleich wichtig, -1 .. weniger wichtig
  Achtung: Es wird nur der rechte Teil oberhalb der Diagonale - graue Felder - bearbeitet. Dort erarbeitete Wertungen werden um die Diagonale gespiegelt und mit -1 multipliziert in das entsprechend Feld eingetragen. Die Fragerichtung – vertikale Kriterien → horizontale Kriterien ist unbedingt einzuhalten.
  Schritt 4   Spaltensumme je Kriterium bilden und auf 10 Schritte Skala normieren.
  10 .. sehr wichtig, 1 .. eher unwichtig
  Schritt 5   Erkenntnisse und Handlungsbedarf dokumentieren und in Projektplanung integrieren.

  o Arbeitsform
  Interdisziplinäre Teamarbeit; Bewertungsmatrix

  o Ergebnis
  Kenntnis der Wertigkeit von Kriterien und daraus abgeleitet bsph die Verbindlichkeit von Anforderungen
  10 – 8 .. Pflicht, 1 – 2 .. Vorschlag

  o Unterstützt /ergänzt Methode(n) und Werkzeug(e)
  Quality Function Deployment,

  o Einsatz im **PEP**-*VR*©
  Permanenter Prozess bis *Bestätigung Produkt-/ Prozess-Stabilität*

Kostenbewertungsverfahren – Schätzklausur (XII)

Schätzklausur				
Projektname	Test		Seite 1 von 1	
Projektnummer	0		akt. Datum	28.10.12

		Größe, Gewicht, Tätigketsumfang			Summe
		klein /niedrig	mittel	groß /hoch	[MT]
Komplexität	gering	4	3	2	20
					30
					30
		5	10	15	**80**
	mittel	1	2	2	10
					30
					40
		10	15	20	**80**
	hoch	0	2	1	0
					40
					25
		15	20	25	**65**
				Gesamtaufwand	**225**

Abbildung 47 Schätzklausur - Template

	Größe klein /niedrig
Komplexität gering	Anzahl der Elemente 4[STK]
	Aufwandswert 5 [MT, €,..]

- *Schätzklausur*
  (parametrische Kostenschätzungsmethode)

  o Ziel
  Ressourceneinsatz zur Bearbeitung einer Aufgabe, eines Projektes mittels qualitativer Schätzung bestimmen.

  o Vorgehen
  Schritt 1   Gesamtsystem in Komplexe gliedern (Dekomposition) und nach Größe ordnen .
  Schritt 2   Referenz-Komplex mit großer Genauigkeit berechnen oder bekannten, belastbaren Wert übernehmen.
  Schritt 3   (Mehr-/ Minder-) Aufwand der übrigen Komplexe relativ zu Referenzkomplex schätzen.
  Schritt 4   Gesamtaufwand als Summenprodukt aus Anzahl mal zugehörigem Aufwandswert ermitteln.
  Schritt 5   Differenzen (> 10%) in der Schätzung im Team plausibilisieren.
  AP-Verantwortlicher hat VETO-Recht.
  Schritt 6   Tatsächlichen Aufwand als Produkt aus akzeptierten Referenzwerten mit für das Projekt geltenden Verrechnungssätzen bestimmen.
  Schritt 7   Ergebnis in die Projektplanung integrieren.

  o Arbeitsform
  Interdisziplinäre Teamarbeit; Bewertungsmatrix

  o Ergebnis
  Kenntnis der Betroffenen ob/ wie betriebswirtschaftliche Vorgaben eines Projektes erfüllt werden können incl. der zur Erfüllung benötigten Maßnahmen

  o Unterstützt/ ergänzt Methode(n) und Werkzeug(e)
  Projektrentabilität, Ressourcenplanung

  o Einsatz im **PEP**-*VR*©
  Permanenter Prozess bis *Bestätigung Konzept*

Definition von Arbeitspaketen (AP, XIII)

	Arbeitspaketbeschreibung				AP.-nr.	XXX
Projektname			Revision		Seite 1 von n	
Projektnummer			Revisionsdatum		akt. Datum	16.11.11
Aufgabe						
Ziele des Arbeitspakets						
Eigenschaft /Funktionale Ziele						
Betriebswirtschaftliche Ziele						
Terminliche Ziele						
Randbedingungen						
Kooperationsform/ Verantwortlichkeit						
Nahtstellen und erwartete Ergebnisse (Input - Output)	Input von AP.-nr.	Termin Input	Verantwortlich Rolle	Output an AP.-nr.	Termin Output	Verantwortlich Rolle
allgemeine Bemerkungen zum AP						
Fachkenntnisse (AP spezifisch erforderliches Know How)						
Ergebnismonitoring						
Aufwand Detaillierung siehe Personal /Kostenplan	Personal Plan	Personal IST	Δ Personal	Sach Plan	Sach IST	Δ Sach
Controlling Reviewtermine (Datum)	MS 1	MS 2	MS 3	MS 4	MS 5	
	14.05.00	10.02.01	15.05.01	12.07.01	13.12.02	
Ergebnis — funktional	-	-	-	-	-	
Ergebnis — bwl.	-	-	-	-	-	
Ergebnis — terminlich	-	-	-	-	-	
Auftragsübernahme - Vereinbarung						
Arbeitspaket vergeben Rolle, Name, Datum			Arbeitspaket akzeptiert Rolle, Name, Datum			
Auflagen						

Abbildung 48 Definition von Arbeitspaketen - Template

- **Definition von Arbeitspaketen**

  o Ziel
  Definieren abgegrenzter Bearbeitungsumfänge mit eindeutig definierter Aufgabenstellung, Zielen, Randbedingungen und persönlicher Verantwortung.

  o Vorgehen
  Schritt 1 Aufgabenstellung, Ziele – funktionale, wirtschaftliche, terminliche - festlegen.
  Schritt 2 Bearbeitungsumfang festlegen und abgrenzen.
  Schritt 3 Prämissen, .. , Restriktionen definieren.
  Schritt 4 Input und Output (Was – Inhalt, Form, von Wem/ an Wen, Wann) festlegen.
  Schritt 5 Verantwortlichen benennen, Auftrag erteilen
  Schritt 6 Aufwand (Personal-, Sach-, Zeit-) für die Bearbeitung schätzen. Ergebnis in Projektplanung integrieren.
  Schritt 7 Ergebnisse entgegennehmen, bewerten und weiteres Vorgehen entscheiden
  Schritt 8 Bei vollständiger Bearbeitung des APs Verantwortlichen entlasten.

  o Arbeitsform
  Interdisziplinäre Teamarbeit - Definition von APs
  Einzel-, Gruppenarbeit – Bearbeitung
  !!Persönliche Verantwortung !!

  o Ergebnis
  Unterstützung der Projektplanung in Hinblick auf Inhalte, Aufwand und Termine

  o Unterstützt/ ergänzt Methode(n) und Werkzeug(e)
  Alle Methoden und Werkzeuge

  o Einsatz im **PEP**-*VR*©
  Permanenter Prozess bis Bestätigung Produkt-/ Prozess-Stabilität

Liste Offener Punkte (LOP, XIV)

LOP-Liste (Liste offener Punkte)				
Projektname			Seite 1 von 2	
Projektnummer			akt. Datum	08.11.12
Nr.	Offener Punkt (kurze Beschreibung)	Verantwortlich	Liefertermin	Status
1	Text, text, text	H. Huber	03.12.11	abgeschlossen
2		-		-
3		-		-
4		-		-
5		-		-
6		-		-
7		-		-
8		-		-
9		-		-
10		-		-

Abbildung 49 Liste offener Punkte (LOP) - Template

- **Liste offener Punkte (LOP)**

  o Ziel
  Überblick über alle vom Team festgelegten und nicht als AP bereits in der Projektplanung befindlichen Arbeitsumfänge.

  o Vorgehen
  Schritt 1   Offenen Punkt und daraus erwachsene Aufgabenstellung festlegen.
  Aufgabenstellung sinnvoll vom betroffenen Teammitglied selbst formulieren lassen.
  Schritt 2   Liefertermin (Ergebnis an Team) festlegen.
  Schritt 3   Verantwortlichen für die Bearbeitung der Aufgabenstellung festlegen.
  Schritt 4   Erledigung der Aufgabe controllen:
  in Arbeit - erledigt – zurückgezogen;
  rot .. Terminüberschreitung

  o Arbeitsform
  Interdisziplinäre Teamarbeit

  o Ergebnis
  Überblick über alle formulierten, bearbeiteten und zurückgezogene Aufgaben und den erarbeiteten Ergebnissen

  o Unterstützt/ ergänzt Methode(n) und Werkzeug(e)
  Projektplanung, alle Methoden

  o Einsatz im **PEP**-*VR*©
  Permanenter Prozess bis Bestätigung Produkt-/Prozess-Stabilität

Prozess-Analyse (XV)

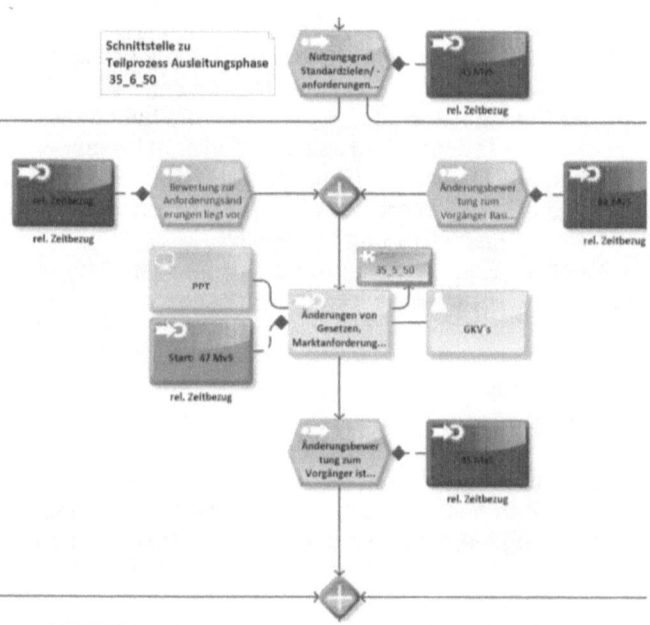

Abbildung 50 Prozess-Analyse – Grafische Darstellung

- **Prozess-Analyse**

  o Ziel
  Prozess verstehen, Schwachstellen und Verbesserungspotenziale erkennen.

  o Vorgehen
  Schritt 1 Untersuchungsumfang festlegen und planen.
  Schritt 2 Prozesse im IST-Zustand analysieren.
  Input (Was, Wann, von Wem) – Prozess schritt
  Inhalt – Output (Was, Wann, an Wen)
  Schritt 3 Prozesse grafisch darstellen (Brown-Paper) und Mängel, Schwächen, Handlungsbedarf einzeichnen.
  Schritt 4 Prozess SOLL-Zustand – der optimierte Prozess - skizzieren (White Paper).
  Schritt 5 Handlungsbedarf formulieren und in Projektplanung integrieren.

  o Arbeitsform
  Interdisziplinäre Teamarbeit; evt. Erfassungsmatrix

  o Ergebnis
  Grafische Darstellung des Prozesses (Ist) und Erkenntnisse über gegebene Veränderungsnotwendigkeit

  o Unterstützt/ ergänzt Methode(n) und Werkzeug(e)
  Eigenständiges Werkzeug

  o Einsatz im **PEP-**VR$^©$
  Permanenter Prozess bis Bestätigung Produkt-/ Prozess-Stabilität

Herstellbarkeitsanalyse (XVI)

Herstellbarkeitsanalyse
(basierend auf VDA Band 4)

NN GmbH
Fertigungsstrasse 9
47110 Stadt

FB-06-0006 Revision: 01

Seite: 1 (3)

Kunde:	Produkt / Projekt:	(Zeichnungs-)Nummer der Baugruppe / des Bauteils:
Datum:	**Stand / Meilenstein:**	**Sachbearbeiter:**

Nr.	Grundbedingungen	ja	nein	Bemerkung
1	Ist das Lastenheft des Kunden vollständig und wurde es von den Abteilungen Entwicklung, Produktion und Qualität akzeptiert?	☐	☐	Lastenheft-Nr.: Datum: Bemerkung:
2	Ist das Pflichtenheft erstellt und vollständig?	☐	☐	Pflichtenheft-Nr.: Datum: Bemerkung:
3	Sind freigegebene Fertigungsunterlagen / Zeichnungen am Produktionsort vorhanden?	☐	☐	Zeichnungs-Nr.: Zeichnungs-Version: Datum: Bemerkung:
4	Sind die besonderen Merkmale laut Anforderung auf den Fertigungsunterlagen / Zeichnungen / Dokumenten einzuhalten?	☐	☐	
5	Sind alle Projektbezogenen Normen (auch Kundennormen und Spezifikationen) akzeptiert und verfügbar?	☐	☐	
6	Welche 100%-Prüfungen sind für den Herstellprozess geplant und werden durchgeführt?	☐	☐	Prüfungsart:
7	Sind die gesetzlichen Anforderungen an das Produkt und die Prozesse bekannt und werden diese eingehalten?	☐	☐	
8	Ist für die Dokumentation oder für Teile der Dokumentation, die während der Produktrealisierung anfällt, eine besondere Archivierung (über die gesetzlichen Bestimmungen hinaus) erforderlich?	☐	☐	Dokumentenart: Archivierungsart / -ort:
9	Ist eine Rückverfolgbarkeit der Produkte für jeden Prozessschritt erforderlich und gewährleistet?	☐	☐	
10	Stehen ausreichend personelle und technische Ressourcen zu Verfügung?	☐	☐	
11	Können die vom Kunden vorgegebenen Termine eingehalten werden?	☐	☐	
12	Sind fremdvergebene Prozesse vorgesehen und in die eigene Prozesskette integriert und dadurch überwacht?	☐	☐	Prozessart:

Abbildung 51 Herstellbarkeitsanalyse - Template

- Herstellbarkeitsanalyse

  o Ziel
  Verfügbarkeit für die Zielerreichung benötigter Lieferantenfähigkeiten bzw. Abweichungen erfassen und dokumentieren.

  o Vorgehen
  Schritt 1 Untersuchungsumfang festlegen und planen.
  Schritt 2 Vorgehen gemeinsam mit Lieferanten vereinbaren.
  Schritt 3 Bewertungsumfänge gemeinsam mit Lieferanten auf Erfüllung prüfen.
  Schritt 4 Abweichungen dokumentieren und Maßnahmen mit Verantwortlichkeit zu deren Beseitigung festlegen und terminieren.
  Schritt 5 Zielannäherung dokumentieren und
  - bei positivem Ergebnis Herstellbarkeit bestätigen.
  - bei negativem Ergebnis Abweichung eskalieren.

  o Arbeitsform
  Teamarbeit mit Lieferant

  o Ergebnis
  Die Herstellbarkeit ist ggf. mit akzeptierten Abweichungen bestätigt oder das Thema ist entsprechend Projektplan eskaliert.

  o Unterstützt /ergänzt Methode(n) und Werkzeug(e)
  Eigenständiges Werkzeug

  o Einsatz im **PEP-*VR*$^©$**
  Vereinbarung Produkt bis *Freigabe Serie/ Nutzung*

- **Kontinuierlicher Verbesserungs-Prozess (KVP, XVII)**

  o Ziel
  Ständige Verbesserung von Prozessen durch teambezogene Vorschläge und methodische Verfahren

  o Vorgehen
  Schritt 1   Untersuchungsumfang festlegen und planen.
  Schritt 2   Untersuchungsgegenstand analysieren und Detailaspekte erfassen.
  Schritt 3   Detailaspekte auf Notwendigkeit, Alternativen untersuchen.
  Schritt 4   Erkanntes Veränderungspotenzial bewerten und Maßnahmen zu dessen Umsetzung festlegen.
  Schritt 5   Maßnahmen in Projektplanung integrieren.

  o Arbeitsform
  Interdisziplinäre Teamarbeit; Flip-Chart vor Ort

  o Ergebnis
  Reduzierung von Produktmängel und/ oder „Verschwendung" bsph. Zykluszeit, Rüstzeit, Maschinenstillstandszeit

  o Unterstützt/ ergänzt Methode(n) und Werkzeug(e)
  Eigenständiges Werkzeug; DFMA

  o Einsatz im **PEP-*VR*$^©$**
  Vereinbarung Konzept bis *Bestätigung Produkt-/ Prozess-Stabilität*

- **5S-Methode (XVIII)**

  o Ziel
  Abläufe analysieren und unnötige und ineffiziente transparent machen.

  o Vorgehen
  Schritt 1 Sort - Aussortieren und Entfernen der am Arbeitsplatz nicht benötigten Gegenstände.
  Schritt 2 Set in Order - Geeignete Orte für die benötigten Gegenstände festlegen und markieren. („Alles an seinem Platz") .
  Schritt 3 Shine - Gründliche Reinigung und Inspektion des Arbeitsplatzes incl. Maschinen.
  Schritt 4 Standardize - Den neuen Zustand als Standard definieren und für alle visualisieren.
  Schritt 5 Sustain - Durch Training und Kommunikation die neuen Bedingungen aufrecht erhalten.

  o Arbeitsform
  Interdisziplinäre Teamarbeit; Flip-Chart vor Ort

  o Ergebnis
  Reduzierung von „Verschwendung" bsph. Zykluszeit, Rüstzeit, Maschinenstillstandszeit

  o Unterstützt/ ergänzt Methode(n) und Werkzeug(e)
  Eigenständiges Werkzeug

  o Einsatz im **PEP**-$VR^{©}$
  Vereinbarung Konzept bis *Bestätigung Produkt-/ Prozess-Stabilität*

Das 360° **PEP-VR**© Dokumentationssystem

Anforderung	Eigenschaft Funktion	Bewertungs-kriterien	Niveau	Flexibilität	Vorgaben	Zielбlk [€]	Termin	Idee, Lösung, Baukasten	Verantwortlich
Dynamik	Leistung	[kW]	190	mechanisch	mechanische Lösung	393	KW 35.XX	Bilder 25 aus Baukasten	H. Huber
		[Nm]	550	+/- 20%	hydraulisch		KW 42.XX	Hydr. Wandler Kaufteil, Flender	Fr. Oskarchen

Abbildung 52 Das *360° Dokumentationssystem* - Erfassung

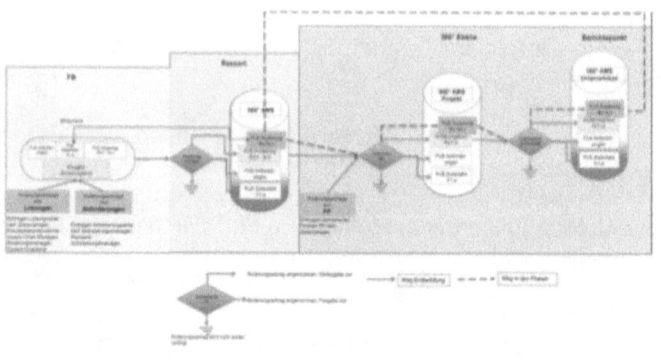

Abbildung 53 Das *360° Dokumentationssystem* - Aufbau

Das 360° PEP-*VR*© Dokumentationssystem

Im **PEP-*VR*©** bildet ein Dokument das Rückgrat des Projekts: das 360° Dokumentationssystem (360° DS)
Im 360° DS werden alle Anforderungen, Ziele, Lösungen und Änderungen während der gesamten Projektdauer zentral dokumentiert.

- **Verantwortung für das 360° DS**
  - Im Permanenten Prozess -
    Standard-Anforderungsmanager (Std-AM)

  - In der Strategie-, Initial, Konzept-Phase
    Zielemanager (ZM) als zentrale Rolle im Projekt bis Projektende.

- **Ergebnis**
  - Reduzierung von Verlustleistung durch Sucharbeit und Pflege unterschiedlicher Dokumentenablagen.

- **Einsatz im PEP-*VR*©**
  - Ausleitung aus dem Permanenten Prozess und zur Projektdefinition
  - Start Strategie-, Initial-, Konzept-Phase bis Produkt- und Prozessstabilität des Produktes oder des letzten Produktes einer Produktfamilie.

Detailbeschreibung 360° DS siehe
Produkte mit PEP *V-orientiert, Ressourcenoptimiert entwickeln ISBN 978-3-8482-2875-1*

Verzeichnis der Abbildungen

Abbildung 1 Der Standard – PEP (lineares Phasenmodell) 6
Abbildung 2 Prozessmodell **PEP**-VR© und der Standard PEP 8
Abbildung 3 Der Permanente Prozess – die Projektebasis 10
Abbildung 4 Die drei Leit-Prozesse im **PEP**-VR© 12
Abbildung 5 Phasen des **PEP**-VR© - Überblick 14
Abbildung 6 Methoden und deren Lokalisierung im **PEP**-VR© ... 16
Abbildung 7 Methoden zur Definition von Strategie und Zielen . 18
Abbildung 8 Technology Forecasting - Grafik 20
Abbildung 9 Szenariotechnik - Szenario-Trichter 22
Abbildung 10 Technology Roadmap - Grafik 24
Abbildung 11 Analyse der Anspruchsgruppen - Grafik 26
Abbildung 12 Market research - Analysefelder 28
Abbildung 13 Quality Function deployment -
Produktentwicklungsprozess.................................... 30
Abbildung 14 Quality Function Deployment –
House of Quality Einzelschritte 32
Abbildung 15 Projektauftrag - Formblatt 33
Abbildung 16 Methoden zur Entwicklung von Produkten 34
Abbildung 17 VA/VE Arbeitsschritte -Lokalisierung im **PEP**-VR© 36
Abbildung 18 Value Analysis-Value Engineering Arbeitsplan –
10 Schritte nach EN 12 973 38
Abbildung 19 Funktionenanalyse – Grafik Funktionenbaum 40
Abbildung 20 Funktionale Leistungs Beschreibung bis
360° DokumentationSystem 42
Abbildung 21 Design to Objectives(DtO) – Vorgehen, Inhalte 44
Abbildung 22 Target Costing – Ableitungs-Prozess 46
Abbildung 23 Konfigurations- /Variantenmanagement - Grafik 48
Abbildung 24 Kreativitätstechhnik –
Six Thinking Hats nach de Bono 50
Abbildung 25 Risiko- /Problemanalyse -
Risikobewertungsmatrix 52
Abbildung 26 Änderungsmanagement – Änderungs-Log-Buch ... 54
Abbildung 27 Methoden zur systematischen
Entscheidungsfindung 56
Abbildung 28 Vorgehensentscheidung - Template 58
Abbildung 29 Nutzwertanalyse - Template 60
Abbildung 30 Entscheidungs-Vorbereitung - Template 62
Abbildung 31 Methoden zur Absicherung erarbeiteter
Ergebnisse 64
Abbildung 32 Design for Manufacture & Assembly -
Template und Optimierungsvorschläge 66
Abbildung 33 Failure Mode and Effect Analysis - Template 68
Abbildung 34 Problem-Analyse (PA) - Template 70
Abbildung 35 Vorgehens-Absicherung - Template 72

Abbildung 36 Werkzeuge zur Unterstützung/
Ergänzung der **PEP**-VR© Methoden......................74
Abbildung 37 Benchmark – Wettbewerbs-Portfolio Grafik...........76
Abbildung 38 ABC-Analyse - Grafik 78
Abbildung 39 Beurteilung Produktidee - Template 80
Abbildung 40 Projektrentabilität - Template..................................82
Abbildung 41 Analyse von Beeinflussungen - Templates 84
Abbildung 42 Morphologisches Tableau –
Anwendung Ideenspeicher......................................86
Abbildung 43 Ressourcenplanung – Personal, Kosten 88
Abbildung 44 Kosten-/Nutzen Analyse - Grafik 90
Abbildung 45 Teamarbeit – Teamentwicklung und -sphasen.......92
Abbildung 46 Paarweiser Vergleich – Template und Kriterien 96
Abbildung 47 Schätzklausur - Template..98
Abbildung 48 Definition von Arbeitspaketen - Template.............100
Abbildung 49 Liste offener Punkte (LOP) - Template.................102
Abbildung 50 Prozess-Analyse – Grafische Darstellung............104
Abbildung 51 Herstellbarkeitsanalyse - Template 106
Abbildung 54 Das 360° Dokumentationssystem - Erfassung.....110
Abbildung 55 Das 360° Dokumentationssystem - Aufbau..........110

Bücher der Reihe
Produkte mit PEP

Produkte mit PEP
V-orientiert, Ressourcenoptimiert entwickeln
ISBN 978-3-8482-2875-1

      Produkte mit PEP
      Rollen und Verantwortung

           Produkte mit PEP
           Das Dokumentationssystem

Persönliche Referenzen von
InnoVAVE-Harald Grundner

Automotive

Anlagenbau

Dienstleistungsunternehmen

Feinwerktechnik - Medizintechnik

Chemie - Pharma

Der Autor
Harald Grundner managt seit 1985 Projekte und unterstützt Unternehmen im Bereich Entwicklung und Optimierung von Produkten und Dienstleistungen.
Dabei baut er auf sein Studium an der TU Wien, nutzt seine praktische Erfahrung als selbständiger Konstrukteur, Projektleiter im Triebwerksbau und sein Beratungswissen aus Projekten bsph. in der Luftfahrt, der Medizintechnik, im Maschinen- und Anlagenbau und im Dienstleistungsbereich.
Neben seiner Tätigkeit als Projektleiter vermittelt er Wissen und Erfahrungen in Trainings und Seminaren. Wissen und Erfahrung hat er auch in Richtlinien zu Projektmanagement und Wertanalyse des Vereins Deutscher Ingenieure VDI eingebracht.
Seit 1988 ist er Wertanalyse Lehrer /Trainer in Value Management, seit 2000 Trainer in Projektmanagement.

Der Impuls
Knappe Ressourcen und enge Terminpläne sind häufig die Randbedingung, wenn Unternehmen externe Projektmanager verpflichten. In der Regel helfen dann nur noch Erfahrung, Systematik und Projektmanagementwissen.

Das Buch
Das Buch beschreibt Methoden und Werkzeuge um den **PEP**-$VR^{©}$, einen Prozess mit dem Projekte unter schwierigen Randbedingungen schnell, effektiv und effizient zum Erfolg geführt werden können.
Das Buch richtet sich an Unternehmen und Projektmanager, welche den Erfolg ihres Unternehmens in der Zukunft fest im Blick haben, Kenntnisse und Erfahrungen des Unternehmens zielgerichtet immer wieder nutzen und in der Praxis evaluierte Projektmanagement-Prozesse umsetzen wollen.

www.ingramcontent.com/pod-product-compliance
Lightning Source LLC
Chambersburg PA
CBHW031433210526
45464CB00005B/2174